Winfried Picard

Ein gutes Leben im Moor

Der Autor

Winfried Picard, Jg. 1948, Dr. rer. pol., wurde in Offenbach am Main geboren. Er studierte in Mainz und München Psychologie und arbeitete als Psychotherapeut in einer Klinik im Taunus. 1989 zog er mit seiner Frau aus dem hessischen Usingen ins Teufelsmoor, um dort einen Resthof zu bewirtschaften. Als Psychologischer Psychotherapeut arbeitete er bis zu seinem Ruhestand in eigener Praxis.

Für Björn, Marieke und Arne

Titelabbildung und Bildnachweis: © Familie Picard

2. Auflage 2019

Dieses Buch erschien erstmals im Jahr 2017 im Verlag Atelier im Bauernhaus.

ISBN 978-3-95494-147-6
www.edition-falkenberg.de

Winfried Picard

Ein gutes Leben im Moor

Eine Familie zieht aufs Land

Edition Falkenberg

Der Autor bei der Gartenarbeit, Sommer 2016

Selbstversorgung als langsam gewachsene Lebensphilosophie

Es ist Anfang Oktober. Ein fruchtbares Gartenjahr neigt sich dem Ende zu. Die letzten Paprikas und Tomaten werden ins Haus geholt. Morgen will ich die beiden Gewächshäuser ausräumen, die Pflanzenreste dem Kompost übergeben und die Stangen unterstellen. Der Salat steht noch wie eine Eins, genauer die Salate - Feld- und Kopfsalat, Endivien und Ruka. Sie haben den ersten Frost vor vier Wochen überlebt. Seither blieben die Nachttemperaturen über null Grad. Und heute kam die Sonne nach einer Woche Nebel und wolkenverhangenem Himmel wieder hervor.

Frische Salate werden wir noch weiterhin essen, vielleicht bis Weihnachten. Falls es kälter wird, legen wir ein dickes Flies über die Köpfe, um sie vor Frost zu schützen. Ich gestehe, wir sind salatsüchtig und werden Entzugserscheinungen bekommen, wenn wir keinen Salat mehr aus unserem Garten essen können.

Seit mehr als 28 Jahren beziehen wir den Hauptteil unserer Nahrung aus dem Garten. Wir, das sind Christa und ich, und bis vor etlichen Jahren auch unsere Kinder Björn, Marieke und Arne. Wenn sie mit ihren Lebenspartnern und Kindern zu Besuch kommen oder wir zu ihnen fahren, bekommen sie von unseren Gartenfrüchten, was sie sich davon wünschen. Auf diese Weise können wir sie weiter unterstützen. Solange die Kraft reicht, sollte ich gleich dazu sagen. Ihre Freude am Obst, Gemüse und Saft von unserem Hof erleben wir als ein Kompliment, denn nicht immer schienen sie über unseren, vor allem meinen Gärtnerfleiß begeistert zu sein, als sie auf unserem Hof aufwuchsen. Bisweilen hatte ich den Eindruck, sie schämten sich ein wenig, bei so rustikal gestrickten Eltern groß zu werden, wo doch alle Welt einen sauber mit Gras bestandenen Garten und die Hände frei hat für zeitgemäße Beschäftigungen, was auch immer das sein mag. Das Blatt hat sich gewendet. Die Nachfrage unserer erwachsenen Kinder und ihrer Lebenspartner nach gesundem Gemüse ist eine Art Frucht, die langsam gewachsen ist und nun die nötige Reife hat.

Hoffentlich werden und können sie sich ihr Leben lang mit gesunden Lebensmitteln versorgen.

Fleisch kommt selten auf unseren Tisch. Dafür essen wir gerne Fisch. Wir sind keine Vegetarier, sondern genießende Menschen - dankbar für das, was uns Mutter Erde oder das Meer schenkt, und bedacht darauf, dass wir uns dessen bewusst bleiben. Jeder Gang zum Gemüseacker, um dies oder das für das nächste Essen zu schneiden oder auszugraben, sorgt für gute Gefühle und Dankbarkeit. Wir leben den ganzen Winter davon.

Wir wissen: Unser Leben als Selbstversorger passt nicht in unsere Zeit. Wir fühlen uns trotzdem nicht als Aussteiger. Für uns ist das, was wir tun, einfach normal geworden. Ein Stück Lebensphilosophie, das nach eigenen Erfahrungen und Impulsen von außen über Jahre wuchs und das wir niemals missen möchten. Es hat uns viel Arbeit gekostet, uns aber reich beschert.

Anregungen und Impulse

Es begann mit einer Vision, die für mich und auch für unser Familienleben entscheidend war. In einer schwierigen Lebensphase sah ich mich gezwungen, einen Neuanfang zu wagen. Um etwas Sinnvolles zu tun, hatte ich mit der Bearbeitung einer kleinen Gartenfläche begonnen. Sie war mir von einem befreundeten Ehepaar, Feli und Harry, in ihrem Schrebergarten angeboten worden. Als in den Beeten die Saat aufging und nach und nach die verschiedenen Gartenfrüchte geerntet werden konnten, wurde es innerlich warm in mir.

Ich wurde nachdenklich: Was wären wir ohne alle diese Gaben der Natur? Was ist, wenn Notzeiten uns bedrängen? Woher würden wir dann die Grundlagen unseres Essens nehmen?

Woher stammen unsere Lebensmittel eigentlich, die es überall in Hülle und Fülle zu kaufen gibt? Wer sorgt im Hintergrund der Läden und Ketten für unser leibliches Wohl? Von den Menschen, die sich dieser Aufgabe widmen, ist in unserer Gesellschaft heutzutage kaum die Rede. Die Arbeit auf den Feldern und in den Ställen findet keine Würdigung. Dies steht im scharfen Kontrast zu der Tatsache, dass wir alle vom Erfolg dieser Arbeit abhängen. Ist die Entlohnung dieser Arbeit im angemessenen Verhältnis zu ihrem gesellschaftlichen, also realen volkswirtschaftlichen Wert? Die meisten Menschen halten die Versorgung mit Lebensmitteln für selbstverständlich, als sei es ein Grundrecht, dass genug Nahrung zur Verfügung steht. Sie soll abwechslungsreich und gesund sein. Wer gewährleistet das eigentlich? Und mit welcher Auffassung oder Mentalität?

Wir sind alarmiert, sobald in den Medien von einem weiteren Lebensmittel-Skandal berichtet wird, von krebserregenden Substanzen oder krankmachenden Erregern im Gemüse. Ganz zu schweigen von den unwürdigen Zuständen in der Aufzucht, Behandlung mit Medikamenten und die Schlachtung der Tiere, deren Fleisch wir essen. Aber schnell vergessen und verdrängen wir wieder. Wir wollen nicht daran erinnert werden, wie sehr wir Teil einer rationell arbeitenden industriellen Nahrungskultur sind.

Die meisten Menschen erfahren davon heute in den Medien, aber sie zucken hilflos und ohnmächtig mit den Achseln: Ich weiß darüber zu wenig. Irgendwer wird sich darum schon kümmern. Wozu gibt es denn das Landwirtschaftsministerium und den Verbraucherschutz?

Im 19. Jahrhundert lebte ein noch heute bekannter Zivilisationskritiker, Henry David Thoreau. In seiner Schrift »Walden« hielt er der seinerzeit schon ausufernden industrialisierten Kultur den Spiegel vor. Er beschrieb sein selbstgenügsames Leben im Wald. Dort versorgte er sich selbst. Auf einem kleinen Acker erntete er Feldfrüchte und ließ sich von der umgebenden Natur schenken, was sie zu bieten hatte. An einer Stelle des Buches spricht er von »der Poesie und Mythologie der Alten«, die daran erinnert, dass »der Ackerbau einst als eine heilige Kunst angesehen wurde; von uns aber«, so fährt er fort, »wird er mit unehrerbietiger Eile und Unachtsamkeit betrieben, denn wir suchen vor allem große Güter zu erwerben und große Ernten zu erzielen. Wir haben keine

Feste, keine Prozessionen, keine Zeremonien, wodurch der Landmann dem Gefühl der Heiligkeit seines Berufes Ausdruck verliehe oder an dessen heiligen Ursprung erinnert würde.«

Dieser Feststellung, die vor über 150 Jahren niedergelegt wurde, muss man heute umso mehr zustimmen. Als Kind hatte ich noch an Flurprozessionen teilgenommen, in denen gesungen und um Fruchtbarkeit der Felder gebetet wurde. Auch die Erntedankfeste mancher kirchlichen Gemeinden sind durchaus berührend und ernsthaft in ihrem Anliegen. Aber im Wesentlichen hatte Thoreau seinen Finger in die richtige Wunde gelegt. Die mit rationaler Aufklärung und Industrialisierung veränderte Kultur des Westens hat den Ackerbau, ja die gesamte Nahrungsproduktion (alleine dieses Wort sagt es schon) verdinglicht, zu einer wirtschaftlichen und technischen Angelegenheit gemacht. Die Gaben der Erde haben keinen Heiligenschein mehr. Sie stehen uns zur Verfügung, als müssten wir nur tun, was technisch machbar ist. Wir brauchen das agrarische Handwerk nur »richtig« auszuüben.

Als ich mich mit diesen Gedanken befasste, war ich in keiner normalen Situation und deswegen wohl besonders empfindlich. Ich musste mich von einer schweren Erkrankung erholen und einen neuen Anfang finden. Die Familie wollte ich gerne weiter versorgen und für mich selbst in einer geeigneten Arbeit Sinn finden. Um zu Kräften zu kommen, trainierte ich meinen Körper, der unter der Behandlung sehr gelitten hatte und nahm Tennis-Stunden, da ich dachte, das Hin- und Herrennen und das Schlagen des Balls würde den Muskelaufbau beschleunigen. Meine Lust daran war gering. Viel lieber lief ich durch den Wald, schwitzte und empfand das als natürlicher. Mein Tennislehrer spielte allerdings eine wichtige Rolle. Eines Tages hielt er mir ein Büchlein hin. Beiläufig meinte er, er habe es gelesen und sei davon sehr beeindruckt. Er wolle es mir leihen, vielleicht würde es mich inspirieren. Ich sah ihn etwas ungläubig an und, um nicht undankbar zu erscheinen, steckte ich das Buch ein. Es trug den Titel »Ein gutes Leben«. Die Autoren Scott und Helen Nearing beschrieben darin, wie sie experimentell und zugleich systematisch planend ein Leben der Selbstversorgung über viele Jahre bewerkstelligten. 1932, auf dem Höhepunkt der damaligen Weltwirtschaftskrise, hatten sie für wenig Geld eine heruntergekommene Farm im amerikanischen Bundesstaat Vermont gekauft. Im Laufe von zwanzig Jahren bauten sie das Anwesen zu einem fruchtbaren, lebenswerten Mikrokosmos aus. Sie schilderten ihre Erfahrungen mit dem selbstgenügsamen und selbstversorgenden Leben abseits der städtischen Konsumwelt. Die Verwirklichung ihres Anliegens war erfolgreich und zog mit der Zeit hunderte von Besuchern an, sodass sich ihr Anwesen zum Wallfahrtsort für zivilisationsmüde Menschen entwickelte.

Meine Lebensgeister erwachten mit der Lektüre, schienen wie aus verstaubten Ecken hervorzukriechen. So lässt es sich leben! Mit jedem Satz zeichnete sich eine Perspektive vor mir ab und verband sich mit einer lange verdrängten Sehnsucht. Sie erinnerte mich daran, dass ich vor Jahren ziemlich konkrete Pläne geschmiedet hatte, wie ich mit meiner Familie leben wollte, nämlich in naturnaher Umgebung und möglichst auf einem Bauernhof. Dort würden unsere Kinder mit ihren Freunden rumtoben und spielen können, und wir Eltern würden einen blühenden und fruchtbaren Garten gestalten. Tiere würden zu uns gehören, ganz so wie es sich für das Leben auf dem Lande gehört. Auf der Suche nach einer geeigneten Arbeitsstelle und im geregelten Berufsleben war vieles davon verloren gegangen. Zwar hatten wir ein Haus mit einem kleinen, pflegeleichten Grundstück erworben und durchaus das Gefühl, zuhause zu sein. Innerlich aber blieb ich in jener Umgebung ein Fremder. Das lag weniger an den Mitmenschen. Es war eher die Einbettung in eine kleinkarierte Vorstadt-Siedlung. Ich sah mein weiteres Leben in vorgefertigte Formen gepresst. Irgendwann, so ahnte ich, würde ich es bedauern, meinen Traum von einem Leben auf einem Bauernhof aufgegeben zu haben.

Meine Kindheit draußen

Das Bedürfnis, naturnah zu leben, hat gewiss seinen Ursprung in meiner Kindheit. Ich wuchs in einem Dorf im Landkreis Offenbach am Main auf. Meine Brüder und ich waren alles andere als Stubenhocker. Die meiste Zeit verbrachten wir außerhalb des Hauses. Draußen hieß: Fußball spielen, auf Bäume klettern, die Natur erforschen, Fahrrad fahren, schwimmen, Rollschuh fahren, Höhlen bauen und vieles mehr. Es war das volle Leben für uns. Im Winter fuhren wir auf den überschwemmten Wiesen Schlittschuhe, probierten jeden denkbaren Hügel als Schlittenberg aus, bauten Iglus oder Schneemänner.

An dieser Stelle frage ich mich: Wo sind heute unsere Kinder geblieben? Ich sehe sie fast nur, wenn sie an der Haltestelle auf den Schulbus warten oder von dort nach Hause gehen. Das Lied »Where do the Children play?«, das Cat Stevens 1970 seinem Publikum vorstellte, kommt mir in den Sinn. Darin heißt es im Refrain frei übersetzt, die Menschheit habe eine lange Entwicklung hinter sich und sei ständig in Veränderung begriffen, aber »sag mir, wo spielen die Kinder?« Stecken sie, so wundere ich mich, hinter den Mauern der Häuser und hocken vor Computern und Fernsehern, klicken auf ihren Smartphones herum und wippen nervös mit ihren Beinen? Was ist aus den Räuber- und Gendarm-Spielen geworden, was aus den Versteck- und Indianer-Spielen? Gibt es das heute nur noch als virtuelle Wirklichkeit?

In meiner Kindheit hatte das städtische Leben unser Dorf noch nicht ereilt. Die Verbindung zur nahen Großstadt bestand in einer Busverbindung. Berufstätige fuhren frühmorgens mit dem Bus zur Arbeit, unter ihnen auch ein Häuflein Kinder und Jugendliche, denen man zutraute, die Realschule oder das Gymnasium zu besuchen. Unser Dorf hatte in jener Zeit unter tausend Einwohner. Alles war noch ländlich geprägt. Einmal in der Woche kam ein fahrender Lebensmittel-Händler ins Dorf. Er hielt auch vor unserem Haus. Dann stieg er aus seinem dreirädrigen Pritschenwagen der Marke DKW, in einer Hand den Knauf einer riesigen Glocke, die er kräftig schwang, sodass ihr Klang weit und breit zu hören war. Alle ansässigen Hausfrauen schienen auf ihn zu warten, nicht nur wegen des Angebots an frischen Feldfrüchten und Obst, sondern auch zwecks Austausch von Neuigkeiten. Ein großer Fan des Händlers war meine Großmutter, die meist als Erste an der vollgepackten Pritsche erschien. Dann war sie immer guter Laune. Auch der örtliche Milchhändler fuhr mit seinem umgebauten Lloyd die Straßen ab und bot frische Milch, Butter, Käse und andere Milchprodukte an. Dies waren regelmäßige Anlässe zu kleinen Versammlungen, an denen wir Kinder auch teilnahmen. Dann nämlich fiel ein Lutschbonbon für uns ab.

Bisweilen werde ich gefragt, was mich an einem Leben auf dem Lande begeistert. Ich könnte gute Gründe anbieten. Am ehesten passt, dass ich von der Kindheit geprägt bin. Wir hatten viele Möglichkeiten, draußen zu spielen. Was für mich heute besonders zählt, war dieser große Garten mit Gemüsebeeten und Obstbäumen. Damals zogen noch viele Leute ihr Gemüse selbst.

Großmutters Vorbild und Mutters Strenge

Meine Goßmutter war eine besondere Frau. Sie und ihre Art zu leben, hat bei uns Brüdern Spuren hinterlassen. Großmutter nannten wir natürlich Oma. Sie lebte in einem Häuschen unweit unseres Elternhauses und kam jeden Tag, um in unserem Haushalt zu helfen. In ihrem Häuschen gab es drei kleine Zimmer und eine Wohnküche. Es war sehr einfach eingerichtet. Gekocht wurde auf einem Herd, der mit Holz und Kohle befeuert wurde. Die Erinnerung an Omas Küche sagt mir, Gemütlichkeit braucht keinen Komfort. Ihre Einrichtung umfasste einen mit hellem Wachstuch bedeckten Holztisch, eine Holzbank und zwei Stühle sowie eine eindrucksvolle Anrichte mit hohem Aufsatz. Ein großes, tiefes Porzellanbecken, das man heute nirgendwo mehr kaufen kann, war dem Herd gegenüber an der Wand angebracht. Daneben befand sich das Tor zu vielen Sinnesfreuden, denn dahinter begann die Holztreppe zur Vorratskammer, die »Speis(e)«, wie sie genannt wurde. Sie war halb in die Erde eingegraben, trocken und auch im Sommer kühl genug, um die Lebensmittel frisch zu halten. Stieg man die Treppe hinunter, umfing einen die köstlichste Mischung aus Düften der gelagerten Lebensmittel - Kräuter, Butter, Eier, Wurst, Käse, Obst, Brot, Kartoffeln, Kuchen und was ein gut sortierter ländlicher Haushalt früherer Zeit so brauchte. In den Regalen standen Gläser mit eingekochten Bohnen und Möhren, Kirschen, Birnen und Pfirsichen, daneben Konserven mit Wurst, die unsere Großmutter von Bekannten kaufte, wenn diese ihre jährliche Hausschlachtung durchführten. Es war damals in einigen Familien noch Brauch, ein Schwein zu halten, das die Essensreste und sonstige Lebensmittelabfälle verwertete.

Unvergesslich für mich ist ein Detail: das Rührei, das Oma für uns in Butter briet und dazu eine Scheibe Brot, die sie freihändig von dem nach heutigen Maßstäben riesigen Laib abschnitt. Zuvor strich sie mit dem Messer ein Kreuz über den Brotrücken.

Aber was auf jeden Fall der besonderen Würdigung bedarf und von mir gerne erwähnt wird, betrifft Oma's Garten. Er war nicht groß. Das Grundstück maß vielleicht fünfzehn Meter in der Breite, dafür etwa vierzig Meter in der Länge. Das Häuschen stand in der Mitte, rechts einen Weg zum hinteren Hof durchlassend, der - wenn auch knapp bemessen - die Durchfahrt eines größeren Karrens oder Gefährts erlaubte. Im Garten vor dem Haus wuchsen Obstbäume, darunter ein königlich dominierender Kirschbaum, dann Apfel- und Birnbäume, ein Zwetschgenbaum sowie Beerensträucher. Am Wegesrand und den Zugang zur Haustür einrahmend, blühten vielfältige Blumen. Hinter dem Haus um den Hof herum befanden sich der ehemalige Ziegenstall, der Geräteschuppen und die Freilufttoilette (ein Plumpsklo), alle im gleichen niedrigen Gemäuer. Gegenüber, in Fortsetzung des Vorratsraums, stand der Hühnerstall, an den sich ein kleines Gehege anschloss. Ging man weiter, so erreichte man schließlich die Gemüsebeete, an deren Grenze ein Pfirsichbaum wuchs. Einen weiteren Obstbaum darf ich nicht vergessen. Er hatte seinen für die Ernte günstigen Platz an der vorderen Stirnseite des Stalls, und wir Kinder kletterten auf dessen Dach, um die Früchte zu ernten. Das waren Ringelotten, die süßesten weit und breit, die auch von Wespen sehr geschätzt wurden. Während wir auf dem Stalldach herumturnten, stand Großmutter unten, lachte, schrie und stand Ängste aus, wir könnten gestochen werden. Andere Ängste stand sie aus, wenn wir auf den Kirschbaum kletterten, um die Früchte eimerweise zu pflücken. »Passt auf!«, war ihr wiederholter Ausruf und gleichzeitig lachte sie, wahrscheinlich in einer Mischung aus Angst, ein Ast könnte brechen und wir könnten vom Baum fallen, aber nicht minder in Freude über die reiche Ernte und aus Stolz über ihre frechen, mutigen Enkel und deren Kletterkünste.

Ich habe meine beiden Brüder nach ihren Erinnerungen befragt. Sie bestätigten nachdrücklich, was mir zu Oma und ihrem Garten einfiel. Wir verglichen auch unsere Erinnerung an den Garten unseres Elternhauses. Der Platz dort reichte aus, dass jeder von uns Geschwistern ein eigenes kleines Beet bewirtschaften konnte. Unser Glaube an Wachstum aus der Erde gipfelte darin, dass mein jüngerer Bruder Thomas und ich eines Tages ausprobierten, ob sich Geld auch vermehren ließe, wenn es wie Saat in die Erde gelegt würde. Unsere Freude am Garten wurde einzig durch pädagogische Maßnahmen unserer Mutter getrübt. Sie nutzte verschiedenste Anlässe für Bestrafungen, um uns Unkraut auf ihren Beeten jäten zu lassen. Insbesondere zur Sommerzeit, wenn wir eigentlich lieber spielen wollten, traf uns das hart. Wir durften nicht schummeln, denn sie kontrollierte, ob gejätet oder einfach nur untergegraben beziehungsweise oberflächlich gesäubert worden war.

Über diese Pädagogik kann man unterschiedlicher Meinung sein. Ich war jedenfalls alles andere als davon angetan. Unkraut jäten ist allerdings in einem Garten unvermeidlich, der nicht nur hübsch aussehen, sondern auch Gemüse hervorbringen soll. Dies zu akzeptieren, fiel mir später sogar leicht, als ich selbst die Verantwortung für einen Garten übernahm. Unsere Kinder verschonte ich selbstverständlich von solchen Strafen. Wenn sie mithalfen, dann geschah dies aus freien Stücken.

»Was willst du tun?«

So fragte mich Christa, als ich langsam wieder zu Kräften kam. Sie drängte nicht, aber eine gewisse Spannung lag in der Luft. Das Leben sollte weiter gehen. Aber wie? Unser jüngster Sohn Arne war bald ein Jahr alt, Marieke wurde eingeschult und Björn kam in die dritte Klasse der Grundschule. Mein Versuch, an den alten Arbeitsplatz zurückzukehren, blieb ohne Erfolg. Ich fühlte mich ausgelaugt und den Anforderungen auf der Akutstation, wo ich bis zur Erkrankung therapeutische Aufgaben wahrgenommen hatte, nicht mehr gewachsen. Eine befristete Rente sollte mir Zeit verschaffen und die Möglichkeit bieten, eine tragfähige Perspektive für das weitere Leben zu entwickeln. Die Drohung der Wiedererkrankung schwelte im Hintergrund. Der behandelnde Onkologe hatte zwar den Erfolg der Behandlung zu würdigen gewusst, aber auch festgestellt, dass er bei einem Rückfall nicht viel für mich tun konnte.

»Ich möchte Land bewirtschaften«, sagte ich, »an der frischen Luft sein, am besten auf einem Resthof, den wir für unsere Zwecke herrichten.« Aber das hieß auch, von bisher gültigen Vorstellungen Abschied zu nehmen, was die berufliche Identität anbelangte. Sollte ich noch mal in eine Lehre gehen, etwa auf einem Bauernhof? Oder, was mich auch ansprach, in der Werkstatt eines Schreiners? Etwas selber bewerkstelligen, nicht mehr hinter Schreibtischen sitzen, vielmehr die Hände gebrauchen und den Körper anspannen, um ihn mehr zu spüren. Mein bisheriger Beruf, den ich zehn Jahre ausgeübt hatte, trat in den Hintergrund. Ich glaubte nicht mehr an ihn. Die Vorstellung, auf einem Bauernhof zu leben und zu arbeiten, nahm bei mir feste Formen an.

Alle folgenden Schritte zu einem anderen Leben wurden nur möglich durch die Solidarität meiner Frau. Sie nahm meine Wünsche ernst, respektierte sie, auch wenn sie mit unserem bisherigen Leben in der Einfamilienhaussiedlung zufrieden war. Sie nahm aktiv teil an der Suche nach einem geeigneten Wohnort für das ländliche Leben, das ich ersehnte.

Zunächst erforschten wir die nähere Umgebung. Welcher Ort käme in Frage? Wir hofften, dass sich aus möglichen örtlichen Veränderungen keine allzu einschneidenden Folgen für unsere Kinder ergeben würden. Sie sollten weiterhin die gleiche Schule besuchen und mit den gleichen Kindern spielen können wie bisher. Diese Hoffnung mussten wir jedoch bald aufgeben. Grundstücke und Hofanlagen, wie ich sie mir vorstellte, gab es kaum. In den Tälern des Taunus, wo wir wohnten, sind die Ortschaften haufenförmig angelegt, und arrondierte Höfe gibt es selten. In meinem inneren Bild lag das Wohnhaus gemeinsam mit einem Stall oder einer Remise mitten in einem teils bewirtschafteten, teils naturnahen Grundstück. Gemäß dieser Vorstellung durfte der Garten auch etwas verwildert und das Haus renovierungsbedürftig sein. Die Hauptsache war, es sollte ausreichend Land zur Verfügung stehen, damit wir uns nicht einschränken müssten, wenn wir etwas nach unseren Wünschen gestalten wollten.

Wir fuhren in den Süden, um Immobilienangebote zu prüfen. Anknüpfend an die Studienzeit in München und an unsere Liebe zu den Bergen wollten wir im Alpenvorland einen Hof erwerben. Beinahe wäre dann ein Anwesen im Allgäu das Richtige gewesen. Doch am Tag der Vertragsunterzeichnung erkrankte Marieke an einer Lungenentzündung. Das war kein gutes Zeichen. Wir sagten ab. Während einer späteren Urlaubsfahrt in jene Gegend am Alpenrand fanden wir heraus, dass der infrage kommende Bauernhof unterhalb einiger Funktürme lag. Insofern hatten wir uns, ohne davon zu wissen, richtig entschieden. Unsere weitere Suche richtete sich nach Norden. Das bot sich an, da Christa in Bremen aufgewachsen war und ihre Mutter in Heiligenrode lebte. Ich mochte die Nähe zum Meer. Am liebsten gleich hinterm Deich leben, fand ich. Aber die Nähe zur Stadt sollte gewährleistet sein. Darauf einigten wir uns. Auf einer der Reisen in den Norden sichtete Christa ein vielversprechendes Angebot nahe Worpswede, einen arrondierten Resthof in einer Moorsiedlung. In den Herbstferien fuhren wir mit den Kindern dorthin. Während wir mit den bisherigen Besitzern verhandelten, liefen die Kinder auf die Wiese hinter dem Haus, wo die Kühe in der nebligen Dämmerung am fahrbaren Melkstand gemolken wurden. So konnten sie einen Vorgeschmack für ihr neues Leben auf dem Hof bekommen, denn er sollte ihr zukünftiges Heim werden.

Nach weiteren vier Monaten stand der Abschied von der bisherigen Heimat bevor. Unser Haus war verkauft. Wir packten einen Haufen Kisten und Koffer. Dann hielt der Umzugslaster vor der Tür.

Umzug ins Teufelsmoor

Ich lebe gerne in diesem Land. Dies ist ein Bauernland, sagte ich zu meinen Kindern. Eine gewisse Portion Stolz darüber, unter den Menschen des Teufelsmoors zu leben, klang mit, doch auch Respekt und schlichte Sympathie. Obwohl unser westlicher Nachbar mit Unverständnis reagierte, als wir unseren Antrittsbesuch auf seinem Hof wagten. Wir gingen einfach durch das Wäldchen bis an die Grenze des Grundstücks. Dort lag ein Brett über dem Graben. Drüben werkelte ein Mann von kräftiger Statur auf dem Hof. Er schaute nicht auf, als wir uns von den Rhododendren kommend näherten. Nicht unbedingt freundlich sah er dann auf. Wir standen ja vor ihm, grüßten schlicht mit »Hallo« und ließen die Bemerkung folgen, wir seien die neuen Nachbarn. Die Kinder hielten Tuchfühlung mit uns. Dieser Erstkontakt schien ihnen nicht ganz geheuer. Er war es auch nicht. Noch Jahre später erinnerte sich Christa an die ersten Worte des Nachbarn. Er wollte wissen, wo wir herkommen. Aus dem Taunus, sagte sie. Ich ahnte, dass ihm solche Nachricht nicht passte. Es wäre damals überhaupt fraglich gewesen, was ihm passen könnte. Mit süffisantem Lächeln meinte er, im Taunus sei es doch viel schöner als hier. Was wir denn an dieser Gegend gut fänden, dass wir hierher zögen. Wir wollten auf einem Bauernhof mit genügend Land leben, um unsere Pläne zu verwirklichen, antwortete ich sinngemäß. Christa fügte hinzu, dass sie aus Bremen stamme und diese Gegend für sie ein Stück Heimat sei. Der Mann nickte. »Und das soll hier sein?«, fragte er. »Ihr habt drei Kinder!« Dabei blickte er bekümmert: »Auf eurem Hof lebten früher auch drei Kinder, die sind alle tot gegangen, an einer Erbkrankheit oder wegen einer Blutunverträglichkeit, so genau weiß man das nicht.« Christa wurde blass, als sie das hörte, sie wäre nie auf diesen Hof gezogen, wenn sie vom Tod der Kinder erfahren hätte. Vielleicht hätte mich die Information auch geschockt. In diesen Hof hatte ich meine Hoffnungen von einem guten Leben mit der Familie gelegt. Was die drei verstorbenen Kinder der letzten Bauernfamilie anbelangte, so entschloss ich mich, dem Glauben an ein böses Omen keinen Raum zu geben. Mit uns sollte ein neuer Geist auf den Hof kommen. Gelegentlich wurde ich allerdings durch Schatten an die verstorbenen Kinder erinnert, Schatten, die ich aus dem Augenwinkel vorbeihuschen sah, meist im Wohnzimmer, dort wo sich früher der Stall befand. Ich wollte nichts darauf geben. Als Christa ihrerseits von solchen Beobachtungen berichtete, wusste ich, das waren die verstorbenen Kinder, deren Geist noch auf dem Hof weilte. Sie hängen offenbar an dem schönen Grundstück und dem Haus, dachte ich dann. Unsere Schaffensfreude, die Spiel- und Abenteuerlust unserer Kinder und die immer wieder anfallenden Veränderungen an Haus und Hof dürften die Atmosphäre entscheidend gewandelt haben. Schon lange huschen keine Schatten mehr durch das Haus. Dafür erklingen Kinderstimmen, mal lachend, mal streitend, manchmal weinend zwischen den Wänden, die sich über viele Jahre mit ihrer Standfestigkeit verdient gemacht haben, die den Bewegungen des moorigen Untergrunds trotzen. Mittlerweile toben unsere Enkel durchs Haus, wenn deren Eltern den Hof besuchen.

Was den Schrecken und die Unsicherheit anbelangt, die wir uns mit dem Erstkontakt zum Nachbarn eingefangen hatten, so lässt sich heute sagen, dass wir gut miteinander umgehen. Das können viele Nachbarn nicht von einander behaupten.

Meine Frau hat noch ein übriges getan. Sie schrieb die Geschichte dieses Hauses und seiner Bewohner in Romanform auf. Der Roman »Die Engelkens« ist im Moor ein Erfolg geworden. Sie hat den Spuk auf ihre Weise gebannt.

Sonne, Sturm und Ackerbau

Der Frühling hatte Vorboten geschickt. Die ersten Wochen unseres neuen Daseins brachten viel Sonne. Die Erinnerung an einen Spaziergang ist noch ganz bildhaft: Ich sehe mich mit Arne auf den Schultern auf die Wiesen hinaus spazieren. In der Nachbarschaft wird gewerkelt. Dorthin lenke ich neugierig meine Schritte. Drei Leute roden ein paar Bäume am Graben. Wir nähern uns. Sie blicken auf und grüßen freundlich lächelnd. »Ihr seid die neuen Nachbarn«, stellen sie fest, und ich setze Arne ab, der an meiner Hand neugierig dem Treiben zusieht. »Hermann Meyerdierks«, stellt sich der Älteste vor, streift den Arbeitshandschuh ab und reicht mir die Hand. »Wir sind Ihre Übernachbarn«. Er mustert mich interessiert. Vielleicht versucht er abzuschätzen, ob wir hierher passen. »Viel Arbeit«, sage ich (oder etwas ähnliches). Diese Arbeit gefällt mir, am liebsten würde ich mit anpacken. Arne scheint keine Angst angesichts des Lärms der Motorsägen zu haben. Baumstubben werden ausgegraben. Die zwei Männer und der Halbwüchsige gehen ruhig und konzentriert zur Sache. Ich denke an den Grundofen, der demnächst in unserer Wohnküche eingerichtet werden soll und Futter brauchen wird. »Für das Holz?«, frage ich. »Haben Sie dafür schon Abnehmer?« Der jüngere Mann richtet sich auf, schaut mich aus hellen Augen an und lächelt nachsichtig. Ja, das sei schon vergeben, erfahre ich. Ich sehe die Stubben, die bereits ausgegraben sind. Ob diese auch gebraucht werden, frage ich und zeige auf einen von ihnen. Alle drei blicken erstaunt. Hermann Meyerdierks, offenbar der Bestimmende unter ihnen, meint im zweifelnden Ton, diese seien nicht zu gebrauchen. Wenn ich aber Nutzen davon hätte, würden sie auf unseren Hof gebracht werden. Ich denke an die effektiven Motorsägen, die ich in Aktion sehe, und glaube, damit ließe sich auch ein Baumstumpf zurecht stutzen. So nehme ich mir vor, eine Motorsäge würde eine meiner Anschaffungen sein. Ja, sage ich, auch die Stubben ließen sich verheizen. Einen Moment noch schaut man mich zweifelnd und erstaunt an. Dann geht die Arbeit weiter, und ich verabschiede mich, setze Arne auf meine Schultern und wandere zurück. Das Licht des Vormittags ist hell und gibt mir einen Vorgeschmack auf kommende Frühlingstage, die unsere neue Heimat mit ihren Wiesen und Feldern in einen beruhigenden, unaufdringlichen Zauber verwandeln werden. Über die Jahre, die ins Land ziehen, werde ich allerdings auch das geschäftige Treiben mit Landmaschinen erleben. Bisweilen wird uns der Gestank der Gülle nerven. Aber das Land, so empfinde ich es mittlerweile, lässt die vereinzelten Trecker stoisch auf sich herum turnen und wird den längeren Atem als die lärmenden, wühlenden und spritzenden kleinen Ungetüme haben. Wie eine Mutter, die ihr hyperaktives Kind sich austoben lässt, um es dann wieder zu besänftigen. So ist es auch geworden. Abends liegt das Land meist still da.

Die Baumstubben wurden tatsächlich noch am selben Tag angeliefert. Sie lagerten abseitig auf der vorderen Wiese und gammelten dort vor sich hin, bis ich sie Jahre später am Rand des Wäldchens der endgültigen natürlichen Verarbeitung übergab. Durch das Baumfällen und Beheizen der Öfen lernte ich schnell, welches Holz mit welchem Aufwand ofenfertig ist. Stubben sind nun mal widerspenstig. Sie geben wenig Holz ab im Verhältnis zur Arbeit, die man mit ihnen hat. Dafür sind sie so gebaut, dass sie ihre Aufgabe erfüllen können, den Baum stabil zu halten, komme was da wolle. Und das sind insbesondere die hiesigen Winde, die nicht selten in Stürme ausarten. Hiervon bekamen wir sechs Wochen nach unserem Einzug eine Probe. Schon tagsüber rauschten die Bäume und begannen zu ächzen. Am Abend nahm dies zu und nachts brüllte der Sturm ums Haus, sodass wir kaum in den Schlaf fanden. Die Kinder kamen zu uns und erklärten erschrocken, ihr Nachtlicht sei ausgefallen. Wir kramten Kerzen aus den Schubladen und liefen aufgeregt durchs Haus, um an jedem Lichtschalter festzustellen, dass der Strom ganz ausgefallen war. Unser ängstlicher Blick in die raue Nacht draußen gab wenig Anlass zu der Hoffnung, das Haus, vor allem sein Dach würde den elementaren Kräften stand halten. Am nächsten Morgen führte der erste Weg um das Haus herum. Die Befürchtungen bestätigten sich. Etliche First- und Dachziegeln hatten sich gelöst. Auch auf dem Dach des aus den Fünfzigerjahren stammenden Anbaus erblickten wir einige Löcher in den Ziegelreihen. Aber das Reet auf dem Dach des Haupthauses war weitgehend heil geblieben. Noch immer toste der Wind, wenn auch etwas abgeschwächt, über das Land. Die herbei gerufenen Helfer, Mitarbeiter der Firma, die die Renovierungsarbeiten ausgeführt hatte, bastelten mehrere Leitern zusammen, um die Höhe bis zum First zu meistern. Ich bewunderte das Provisorium und den Mut der Männer, die lachend die Leiter hochkletterten, als wären sie auf einer Bergtour. Sie zementierten die in der Scheune noch vorrätigen Firstziegeln ein und hoben von Zeit zu Zeit ihr Gesicht in den Wind, als würden sie dessen Kraft in sich aufnehmen. Andreas, unser Nachbar nach Osten, schaute vorbei. Ob wir auch Stromausfall gehabt hätten, fragte er und wusste auch gleich, was passiert war. Bei ihm auf dem Grundstück war der Leitungsmast umgefallen.

Die Windkräfte gehören zu diesem Land, denn es gebietet ihnen wenig Einhalt. Es sei denn, ein Wäldchen oder eine Baumreihe stellt sich ihnen entgegen. Dies ist auch der Grund dafür, dass wir seither keine Sturmschäden am Haus zu beklagen haben. Die Bäume unseres Wäldchens, das den Hof von Südwesten bis Osten abschottet, wuchsen mit den Jahren weit über die Höhe des Hausdachs. Dafür fällt bisweilen ein Baum dem Sturm zum Opfer. Anders verhält es sich mit den Südwinden. Von Süd und Südost drängt sich jede Luftbewegung ungehindert auf. Die Frühjahrswinde zum Beispiel, die sich gerne mit einem Wetterhoch verbünden und sogar zu Stürmen heranwachsen können, fallen regelrecht über das Anwesen her. Dann stehe ich auf dem Gemüseacker und schaue in die Ferne, wo Richtung Seehausen die Erdkrume der frisch bearbeiteten Felder zu dunklen Schleiern aufgewirbelt wird. Dann sorge ich mich um die Ackererde, die auf den nackten Flächen keinen Schutz genießt.

Nach jenem Sturm erholte sich das Wetter rasch. Schon am nächsten Tag schien die Sonne und ließ sich von den fliegenden Wolken nicht aus ihrer Bahn bringen. Sie behielt die Oberhand. In mir wuchs der Wunsch nach Feldarbeit. Ich bat Fritz, den Übernachbarn in westlicher Richtung und Pächter der Wiesenfläche hinter unserem Hof, den für Gemüseanbau vorgesehenen Gartenteil zu pflügen und zu fräsen. Er aber winkte ab. Vor Ende April hätte das keinen Sinn, meinte er. Ich war aber ungeduldig, hätte am liebsten selbst schon die nötigen Geräte und einen Trecker dazu. Wenig später sagte ich zu Fritz, die Anschaffung eines Treckers wäre auf Dauer nötig. Ja, das fand er auch und versprach, sich darum zu kümmern, was wohl heißen sollte, er würde sich umhören. Aber auch hierfür ließ er sich Zeit. So jedenfalls empfand ich es. Tatsächlich aber saß ich schon im Mai, zwei Monate nach unserem Einzug, auf dem eigenen Trecker, einem »International 533«, der dreizehn Jahre alt, aber wenig gelaufen war. Fritz hatte mir den Kauf bei einem örtlichen Schmied vermittelt. Schon im Juni verfügte ich dazu noch über einen Schwader und ein Wendegerät fürs Heuen. Ich hatte sie preiswert erstanden. Auf diese Weise konnte ich dem Nachbarn Hans-Dieter beim Heuen helfen, indem ich das von ihm gemähte Gras zweimal am Tag wendete, während er in Bremen zur Arbeit ging. Natürlich war ich stolz, mit dem eigenen Trecker und dem Heuwender erste Runden zu drehen, die schon nach wirklicher Arbeit aussahen. Ich war die Nachbarschaftshilfe aber auch schuldig, denn Hans-Dieter war eines Tages Anfang Mai mit seinem Trecker und einem vollgepackten Miststreuer auf den Hof gefahren und hatte gefragt, wo der Mist abgeladen werden soll. Ich machte große Augen angesichts eines derart großzügigen Angebots. Dorthin, sagte ich und ging voraus zum vorgesehenen Acker, den Fritz wenige Tage zuvor gepflügt hatte. Beide mussten sich abgesprochen haben, wie sie dem neuen und offenbar etwas naiven, aber wohl nicht unsympathischen Nachbarn mit ihren Mitteln unter die Arme greifen konnten. Fritz erschien bald mit seiner Ackerfräse. um den Schafsmist einzuarbeiten. Der Acker lag bereit, die Beete konnten abgeteilt und eingesät werden.

Die nächste Frage betraf die Kartoffeln. Welche Sorte sollte ich wählen und wo konnte ich die Saatkartoffeln erwerben? Auch hier half Fritz weiter. »Wir nehmen Granola«, meinte er mit einer Gewissheit, die unumstößlich war. Er nannte mir eine Adresse in unserer Straße, wo ich noch Pflanzkartoffeln bekommen könnte. Es war ja schon spät im Pflanzjahr, denn die Kartoffeln kommen eigentlich Ende April in die Erde. Doch ich hatte Glück, dafür nahm ich die offenkundige Skepsis des Bauern hin, der mir die Kartoffeln mit mäßiger Begeisterung verkaufte. Tags drauf waren die Erdäpfel, wie sie in südlicheren Gefilden auch heißen, in der Erde und wenig später begannen sie zu keimen.

Der erste Schritt im Ackerbau war getan. Ein fruchtbarer Acker muss sorgfältig hergerichtet werden. Pflügen oder Umgraben, Düngen und Einarbeiten gehören natürlich dazu. Unser erster Acker war ursprünglich eine Wiese, die selten gemäht wurde. Im Nachhinein erscheint mir dieses Stück Land wie ein talentiertes Wesen, dem man lange nichts zugetraut hatte, und das nun Gelegenheit hatte zu zeigen, was in ihm steckt. Es bedurfte nur der nötigen Aufmerksamkeit und Förderung. Die Wandlung von diesem Brachland in einen Acker ließ sich erfolgreich mit der Pflanzung von Kartoffeln erreichen. Der Boden wurde durch die tiefe und weitläufige Verwurzelung der Kartoffelpflanzen gut durchgearbeitet und konnte sich an das neue Anliegen, Fruchtbarkeit in vielerlei Formen hervorzubringen, anpassen. Nach dem Abernten zeigten sich die Kräuter besonders auffällig, die gerne das Land in Besitz behalten wollen, vor allem die Quecke und die Melde. Letztere besitzt einen fülligen Samenstand, mit dessen Hilfe sie sich schnell ausbreitet. Ich lernte, dass jede sichtbare Melde schnell entfernt werden muss, falls man nicht zu viele dieser Pflanzen im Garten haben möchte. Etwas Ähnliches gilt für die Quecke, die sich durch Wurzelwachstum vermehrt. Sie erscheint mir wie ein zähes, raffiniertes Wesen, das seine Kraft im Untergrund entwickelt und dem man nur mit ausdauerndem, geduldigem Gegenhalten beikommen kann. Bei der Kartoffelernte entdeckte ich, dass viele der Feldfrüchte von Queckehalmen regelrecht durchbohrt waren. Sie zeigte sich wirklich in imponierender Kraft. So beschloss ich im Herbst eine Radikalkur. Über mehrere Tage kroch ich auf dem Acker herum und grub mit der Grabegabel jeder ihrer Pflanzen hinterher, derer ich ansichtig wurde. Auf diese Weise entfernte ich den größten Teil der

Wurzeln. Diese Methode behielt ich über die Jahre bei und unterband jeden neuen Versuch von Quecken, sich wieder niederzulassen. Mit der Kontrolle der Melden muss ich weniger radikal sein. Wenn sie auftaucht, rupfe ich sie aus, und zwar möglichst, bevor ihr Samenstand ausreift.

Weitere fleißige Kräuter, die unseren Acker lieben, sind Vogelmiere, Löwenzahn, Brennessel und Gundermann. Noch immer zupfe ich sie aus, wenn sie sich zwischen den Saaten niederlassen. Insbesondere die Vogelmiere findet unsere optimal genährten Beete attraktiv. Sie scheint mir geradezu süchtig nach dieser Erde zu sein und sät sich fleißig aus, als gelte es wett zu machen, was ihr die spritzfreudigen Landwirte streitig machen. Neben dem häufigen Jäten wende ich eine grundlegendere Methode an, um das Wachstum unerwünschter Kräuter zu unterdrücken, das Mulchen. Mulchen ist essentiell. Hierüber werde ich weiter unten ausführlich berichten.

Mit dem Kartoffelacker war die Pionierarbeit des ersten Jahres noch nicht beendet. In direkter Nachbarschaft zum Kartoffelfeld befand sich eine verwilderte Fläche, die offensichtlich in früheren Jahren als Nutzgarten kultiviert worden war. Reste eines niedrigen Holzzauns und eine Reihe junger Thuja deuteten dies an. Zudem waren dort Pflanzen angesiedelt, die einem früher gepflegten Bewuchs entstammen mussten, so stellenweise Petersilie, Schnittlauch und eine Kolonie verkrauteter Erdbeeren. Sie führten zwischen den sonstigen Kräutern und Gräsern ein mageres Dasein und würden in absehbarer Zeit untergehen. Da ich so rasch wie möglich Gemüse anbauen wollte, entfernte ich die Reste des Zauns, verpflanzte die Thuja an den nördlichen Rand des Ackers und grub kurzerhand den Boden tief um. Beste Humuserde kam zum Vorschein, die ich mit dem Rechen bearbeitete und zu Beeten formte. Schließlich säte ich alles ein, was mir für unser Essen wichtig erschien. In die Trittflächen zwischen den Beeten gab ich den ersten Grasschnitt. Alles in allem sah der Acker recht ordentlich aus. Die Grundlage für gutes Wachstum war gelegt. In der Tat wurde die Anstrengung und die fortdauernde Pflege der Beete noch im gleichen Jahr mit üppigen Ernten belohnt.

Kinder spielen

Wo sind die Kinder? war eine der Fragen, die Christa und ich häufig einander stellten, vor allem in den ersten Monaten unseres Daseins auf dem Moorhof. Klein-Arne, damals noch keine drei Jahre alt, wuselte zwar häufig zwischen unseren Beinen herum, aber nicht selten gelang es ihm, sich seinen älteren Geschwistern und ihren Spielkameraden anzuschließen. Häufig war er an ihren phantasievollen Spielen beteiligt.

Astrid Lindgrens Buch »Die Kinder von Bullerbü« war Vorbild für meine Vorstellungen von einem guten Kinderleben. In städtischer Umgebung dürfte dies nicht einfach zu bewerkstelligen sein, auch nicht in Wohngebieten, die von Minigrundstücken und Vorzeigegärten bestimmt sind. Ein Rasen, der mit jenem Geheiligten von Wimbledon gleichziehen soll, erlaubt keine Balgereien um einen Ball. Und die Rosen und Tulpen, die mit Rasenkante fein abgegrenzt zwei Quadratmeter Garten bevölkern, knicken ein, auch wenn nur kleine Füße darauf trampeln. Spielende Kinder brauchen Entfaltungsmöglichkeiten, räumlich und zeitlich.

»Wo sind die Kinder?«, fragte ich Christa, während ich ein Brett an die Wand dübelte, um daran Haken für die Outdoor-Garderobe zu schrauben. »Keine Ahnung. Vorhin habe ich sie noch gehört, da waren sie wohl in der Diele«, antwortete Christa, während sie Wäsche glattstrich und in einen Korb legte. »Vielleicht sollte ich doch mal nachschauen, was sie treiben«, sagte ich und ging den Flur entlang und hörte leise Stimmen aus der Hille. Sie diente früher als Lagerung von Heu, das vom darüber befindlichen Dachboden wöchentlich dorthin befördert wurde, um es für die Fütterung der Rinder und Pferde schneller verfügbar zu haben. »Was macht ihr da oben?«, rief ich hinauf. Einen Moment lang Stille – immer ein Zeichen, dass man störte. »Wir spielen, siehst du das nicht?«, kam dann die entrüstete Antwort. »Ja, dann passt aber auf, dass keiner runterfällt!« ist alles, was ein Vater dann noch zu sagen weiß. »Sie spielen in der Diele«, vermeldete ich fast schon lakonisch, als ich mich wieder meiner Arbeit zuwandte.

Die Kinder eroberten sich spielend Haus, Scheunen und Gelände. Das war schon eine große Freude für mich. Sehr beliebt war anfangs die Torfscheune, ein baufälliges, mit löchrigem Reet bedecktes Gebäude, das am Wegrand hinter dem Haus stand. Es enthielt ein Sammelsurium an abgestellten Dingen, die einst in der Landwirtschaft Bedeutung hatten, so ein verrostetes, von Hand zu betreibendes Häckselwerk, mit dem Torf für Einstreu im Stall zerkleinert wurde. Auch eine Grützmühle fanden wir vor, ein ebenfalls von Hand zu betreibendes Gerät zum Mahlen und Verschroten von Getreide. (Häckselwerk und Grützmühle gaben wir an das örtliche Museum ab.) Und Torf lag dort noch mengenweise herum, brauner Torf und Backtorf, den ich im ersten Winter für die Befeuerung des Küchenofens verwendete. Die Kinder kletterten im Gebälk der Scheune herum und nisteten sich in ihren Ecken und Winkeln ein, als bauten sie ihre eigenen Wohnungen. Dann aber fiel Björn herunter, und sie wurden vorsichtiger. Zum Glück kam er mit dem Schrecken davon und mit ihm auch wir Eltern. Es dürften noch einige riskante Unternehmungen der Kinder stattgefunden haben, von denen wir keine Kenntnis hatten. Nachdem die ersten Eroberungen stattgefunden hatten und der Sommer eingezogen war, konzentrierten sie sich auf die Spielangebote des Grundstücks. Da gab es genug, was die Phantasie hervorlockte. Insbesondere das umgebende Wäldchen lud zum Erproben von Abenteuern ein. In den Sommerferien besuchte uns Sarah-Maria. Sie war in der alten Heimat die wichtigste Spielkameradin und Freundin von Björn und Marieke. Mit ihr zogen sie zu Exkursionen in die einem Urwald ähnliche Umgebung und waren über Stunden nicht mehr zu sehen, allenfalls zu hören. Sie bestückten den hölzernen Handwagen, den sie in der Scheune entdeckt hatten, mit Lebensmitteln und Getränken, alten Decken und anderen Dingen, die zum Überleben in der Wildnis gebraucht werden. »Wir spielen unsere Eltern wären tot«, klärten sie uns auf, bevor sie in den Wald aufbrachen. Während uns die Nachricht über unser (gespieltes) Ableben erst einmal erstaunte, schien sie das weniger zu treffen. Sie mussten schließlich zusehen, wie sie in dieser Welt allein zurechtkommen konnten und verschwanden mit dem vollgepackten Bollerwagen zwischen den Bäumen. Anscheinend waren sie durch den Inhalt eines Buchs inspiriert, dass ich damals vor der Schlafenszeit vorlas. »Die Kinder vom Teufelsmoor«, hieß es, verfasst von Werner Schrader. Es schilderte die Erlebnisse einer Geschwisterschar, die schicksalsbedingt aus der Großstadt auszog, um im Teufelsmoor eine neue Heimstatt zu finden.

In der Grundschule wurden Björn und Marieke freundlich aufgenommen. Sie lernten andere Kinder kennen, die wenig später zum Spielen zu uns kamen oder zu denen sie mit dem Rad hinfuhren, wenn sie in unserer Straße wohnten. Aber oft mussten wir unsere Kinder auch mit dem Auto zu den neuen Freunden bringen. Bald wurden sie unternehmungslustig und wanderten übers Feld in die nächsten Siedlungen, um ihre Verabredungen wahrzunehmen. Eines Tages lief Marieke, von Seehausen kommend, singend über die Wiese zu unserem Hof. Ihre Freundin begleitete sie. Marieke trug einen Korb, dessen Inhalt von einem Tuch bedeckt war. Es war ein zu schönes Bild, wie sich die Mädchen fröhlich näherten. Christa, die nach dem Grund der Geheimnistuerei fragte, erfuhr von ihnen, bei dem Korbinhalt handele es sich um eine Überraschung für Weihnachten. Sie registrierte dies verwundert, zumal es bis Weihnachten noch eine Weile dauern würde. Die Kinder waren an jenem Abend überwiegend in ihren Zimmern, sogar Arne durfte bei seinen Geschwistern verweilen. Auch bestanden sie darauf, selbständiger zu werden und ohne Gute-Nacht-Ritual schlafen zu gehen. Ich glaube gar, sie hatten ihr Abendessen abgekürzt und noch etwas ins Zimmer mitgenommen. Sie wollten von uns auch nicht weiter gestört werden. Am nächsten Morgen ging ich wie üblich zu den beiden Großen, um sie zu wecken. Da traf ich auf ein schwarz-weißes Wollknäuel, etwas größer als eine Handvoll, das mich anmietzte und mit dunklen Knopfäuglein interessiert anschaute. So kam Hatschepsut, wie die Kinder das Kätzchen nach der altägyptischen Königin getauft hatten, in unsere Familie.

Mariekes Freundin besaß ein Kinderbuch, in dem ein Kätzchen nach der altägyptischen Königin dieses Namens benannt worden war und Hatschi gerufen wurde. Das Kätzchen erwies sich als quicklebendig und von froher Natur. Es lebte achtzehn Jahre auf dem Hof. Marieke hatte das niedliche Kätzchen vom sicheren Tod gerettet, da es ertränkt werden sollte.

Als der Herbst ins Land zog, konnte ich Christa und den Kindern etwas bieten, von dem ich als Kind lediglich gelesen und gehört hatte: das Kartoffelfeuer und mit ihm eine Erntedank-Feier im Kreis der Familie. Wir veranstalteten das Feuer auf dem Acker und rösteten die Kartoffeln in der Glut, um sie anschließend in der warmen Küche zu verzehren, während draußen die Dunkelheit hereinbrach, die den langen Winter ankündigte. Es war ein Genuss, Kartoffeln pur, von der verkohlten Haut gelöst, zu verspeisen. Mit den Jahren wurde die »Premiere« der Kartoffeln etwas vorverlegt, wenn wir Ende Juni schon mal unter dem üppigen pflanzlichen Grün nach den Knollen buddelten, die bereits herangewachsen waren. Dann wurde auf der Terrasse ein kleines Festessen veranstaltet. Zusammen mit den gefeierten Kartoffeln und dem obligaten Salat wurde Gegrilltes aufgetischt. Dort saßen wir mitunter bis tief in die Nacht und erzählten, zufrieden darüber, wieder reichlich beschenkt worden zu sein.

Gefiederte Freunde

Zu einem Bauernhof gehören traditionsgemäß Hühner. Oder in Abwandlung eines Ausspruchs von Loriot, alias Viktor von Bülow: Ein Leben ohne Hühner ist möglich, aber nicht sinnvoll. Allein die Tatsache, dass Hühner ein zur Nahrungsaufnahme stets motiviertes Völkchen sind, kündet von ihrer Nützlichkeit im familiären Haushalt. Sie vertilgen nahezu alle Essensreste und sogar Abfälle aus der Zubereitung der Nahrung. Das ist wirtschaftlich und ökologisch zugleich. Somit ging bei uns der Imperativ: »Der Teller wird leer gegessen!« ins Leere.

Eine Durchschnittsfamilie braucht für den Eierkonsum nicht mehr als drei, maximal vier Hühner. (Ein Hinweis für Städter oder empfindliche Nachbarn: Sie legen ihre Eier übrigens auch ohne Hahn.) Für Christa und mich reichen zwei Hühner, sie produzieren immer noch mehr als wir brauchen. Wenn man hochrechnen würde, wie viele Personen in unserem Land ausreichend Bedingungen für die Haltung von Hühnern hätten, wären Legebatterien eine Rarität. Selbst in den Städten wäre in vielen Gärten noch Platz für ein kleines Gehege. Empfehlenswert hierfür sind kleine, bewegliche Stallhäuschen mit angrenzender Umzäunung, die zwei bis vier Quadratmeter umgeben kann. Eigene Hühner befreien von schlechtem Gewissen: Man ist nicht mehr Teil der Ausbeutung dieser Tiere und ihrer Massenhaltung, kann ihr Futter selbst bestimmen und auf Farbstoffe und antibiotische (wie auch sonstige) Medizin verzichten. Außerdem wird der Rasen kurz gehalten und gedüngt. Der Zeitaufwand für die Hühnerhaltung ist vergleichsweise gering, vergleicht man ihn mit dem Aufwand, der die Haltung von Hunden erfordert

Ein kleiner Hühnerstall ist schnell ausgemistet und, wenn er auf Rädern bewegt werden kann, in Minuten woanders hingeschoben. Hühner sind sehr unterhaltsam. Sie spiegeln soziales Leben, gespickt mit unterschiedlichen Persönlichkeiten in bemerkenswerter Weise wieder. Da gibt es die bereitwilligen, sich unterordnenden Hennen, die sich sofort hinducken, sobald der Hahn Anstalten macht sie zu besteigen. Nach dem Akt entledigen sie sich flatternd der psychischen Folgen der Fremdeinwirkung. Man könnte auch einfach vermuten, sie ordnen ihr Gefieder. Es gibt andere Hennen, die bei eindeutiger Annäherung des Hahns, schreiend und flatternd weglaufen. Hähne wiederum können sehr gönnerhaft sein. Sind sie es, rufen sie mit einem lockenden »Gagagag« die Hennen herbei, wenn sie etwas Essbares gefunden zu haben glauben. Sie halten sich zurück, verfolgen neutral, wie die Hennen um das Futter streiten. Andere Hähne sind stark ego- orientiert und schnappen sich als erste ein begehrtes Futter. Haben Hennen ein begehrtes Futter erwischt, rennen sie mit diesem im Zickzack oder im Kreis weg, um so ihre Beute vor den

Konkurrentinnen zu schützen. Hähne entwickeln Kampfeslust, wenn sie einen etwa gleich starken Nebenbuhler antreffen. Der Begriff Kampfhähne stimmt wörtlich, sie können einander beinhart bekriegen, bis einer von ihnen blutend in den letzten Zügen liegt. Unsere Hähne krähten alle, sie unterschieden sich lediglich in der Frequenz ihres Auftritts, in der Tonhöhe und der Lautstärke.

Hühner gehörten zu den ersten Freunden, die uns nach dem Sesshaftwerden bereicherten. Wir bekamen von Bekannten eine Schar Hühner angeboten, die hellgrüne Eier legten. Uns wurde mitgeteilt, diese enthielten weniger Cholesterin als die im Handel üblichen Eier. Außerdem handele es sich bei den Hühnern um eine ursprüngliche, und deshalb widerstandsfähige und zähe Rasse. Letzteres traf auf alle Fälle zu. So war die Beschreibung zwar nicht gemeint, aber die erste Schlachtung im Herbst bestätigte: Ihr Fleisch hatte eine gewisse Würze und Zähigkeit. Hinfort hielten wir Ausschau nach Hühnern, die zarteres Fleisch anbieten würden. Wir hatten Glück: Im Sommer wurde uns von Bekannten die Beste aller Hennen, eine grau gefiederte Matrone, angeboten, die gerade ihre Eier ausbrütete. Wir nahmen dankend an und schoben ihr Eier einer Fleischrasse unter, die wir uns besorgt hatten. So tummelten sich nun drei verschiedene Hühnerrassen im Gehege. Einige Hennen folgten dem Beispiel der brütenden Kollegin. Eine muntere Fortpflanzungsarie begann. Aber nicht alle Hennen hatten die Geduld, ihre Eier auszubrüten und verließen vorzeitig ihr Gelege. Die Beste aller Hennen wurde von uns »Berta« getauft. Im Jahr darauf brütete sie wieder erfolgreich und leitete die nächste Brutorgie ein. Die produktive Berta war gewissermaßen ein Vorbild an Fleiß und Produktivität. So entschieden wir, den Hof nach ihr zu benennen: Bertahof. Als sie Jahre später von uns ging, bekam sie ein Ehrengrab mit Namensschild, das sogar eingezäunt wurde.

Wie sehr wir mit den Hühnern verwachsen waren, offenbart eine Heilprozedur, die Marieke bei einer unserer Hennen anwandte. Meckie, ein von Berta ausgebrütetes dunkelgrau gefiedertes Huhn, war sensibel und eher ängstlich. Aus unerfindlichen Gründen wurde sie schwach und krank und konnte sich nicht mehr gegen die Hackerei der Artgenossinnen wehren. Da sie tagelang mit dem Kopf im Gefieder auf demselben Platz hockte und schließlich die Augen nicht mehr öffnete, waren wir alarmiert, allen voran Marieke. Inspiriert von den Geschichten über Dr. Doolittle erfand sie die sogenannte Doolittle-Therapie. Meckie erhielt einen Pflegeplatz in einem mit Heu ausgelegten Karton. Täglich setzte sich Marieke in die Diele neben das Krankenbett und las aus dem Buch »Dr. Doolittle und seine Tiere« vor. Das Wunder geschah. Meckie erholte sich und konnte mit einem sorgsam gestalteten Reha-Programm wieder in die Hühner-Schar integriert werden. Für die Therapie von geschwächten Hühnern eignet sich ansonsten die mehrmalige Gabe eines Tropfens der Notfallmedizin nach der Methode von Edward Bach.

Um die Hühner zu schützen, hatte ich das Hühner-Gehege in ein Wäldchen verlegt. Dort konnten sie nach Herzenslust scharren. Nach einigen Jahren entdeckten Krähen und Habichte, dass da unten auf diesem baumbestandenen Fleck Erde ziemlich hilflose, bunte Fiederwesen herumliefen und eine willkommene Beute darstellten. So verging kaum ein Jahr, in dem wir nicht wenigstens ein Huhn an seine wilden Vogelverwandten verloren. Schließlich legte ich ein kleineres mit einem Netz bedecktes und von einem kleinmaschigen Drahtzaun umgebenes Gehege an. In ihm leben seither die Hühner, wenn die Bäume kein Laub tragen.

Wir schlachten schon lange nicht mehr. Es ist tatsächlich ein grausames Geschäft. In den Augen unserer Kinder war ihr Vater ein Schlächter. Zwar tat er sein blutiges Werk etwas abseits, kam dann aber mit dem schlaffen, kopflosen Körper des Tieres in die Küche, um ihn für das Rupfen der Federn im wasserheißen Kochtopf aufzubereiten. Als die Federn gerupft und die Innereien herausgenommen waren, breitete sich zudem ein unangenehmer Geruch in der Küche aus. Das änderte sich erst, als die dicken fetten Fleischhühner auf den Tisch kamen, im Backofen gebraten und angemessen gewürzt.

Das Schlachten gab ich endgültig auf, nachdem unsere letzte Gans gejagt, ausgenommen und zu Weihnachten verzehrt worden war. Ja, wir hatten auch

Gänse, Pommerngänse, zunächst ein Paar, das vorschriftsmäßig drei Eier legte und ausbrütete. Die Gänsefamilie gehörte in jenem Sommer zum schönsten Anblick, wenn sie auf dem Weiher schwamm und am Rand des Weihers graste. Näherte man sich ihnen, war allerdings der Frieden vorbei. Die Gänseeltern schrien, reckten ihre Hälse angriffslustig gegen den Eindringling und hätten garantiert gebissen, falls die unsichtbare Sicherheitslinie überschritten worden wäre. Mit dem Gänsepaar erwarben wir uns auch eine Portion unnötige Angst. Der Fuchs könnte sie ja holen. Und so veranstalteten wir komplexe Jagdszenen, um das Paar abends in den Stall zu zwingen, den ich in der Torfscheune aus herumliegenden Hölzern gezimmert hatte. Den strategischen Höhepunkt unserer Bemühungen bildete der Ankauf eines Schlauchboots. Es sollte dazu dienen, den Gänsen vom Wasser her den Weg in ihre nächtliche Unterkunft zu weisen. Die Kinder taten ihr Bestes und lernten auf diese Weise, ein Schlauchboot kunstgerecht zu manövrieren. Das war filmreif, wie wir zusammen mit den Kindern die Gänse einkesselten, diese aber immer wieder unter lautem Protest entkamen. Um sie an weitschweifigen Ausflügen zu hindern, hatte ich einen Streifen Maschendraht über den Teich gezogen und zudem einen Draht, den ich elektrisch auflud. Die Familie machte sich über mich lustig. Zurecht, denn die Gänse ließen sich nicht aufhalten und flogen eines Tages einfach über das Hindernis, um das ganze Teichrevier für sich zu haben. Von da an war Schluss mit Sicherheitszwängen. Die Gänse sollten sich gegebenenfalls selbst zur Wehr setzten. Und siehe da: Nichts passierte. Sie bauten sich am Teichrand ein Nest. Nachdem die Eier gelegt waren, brüteten sie abwechselnd in aller Seelenruhe. Das nachfolgende Familienleben machte einen sehr beschaulichen Eindruck. Unter dem wachsamen Blick des Ganters unternahmen die Küken ihre ersten Exkursionen, schwammen á la Konrad Lorenz hinter der Mama her und erfreuten sich unter idealen Bedingungen einer harmonischen Kindheit.

Als das Hühnergehege bevölkert war, bot unser Nachbar ein Paar Peking-Enten an. Wir nahmen sie an, und bald lebten sie gemeinsam mit den Hühnern im Gehege. Merkwürdig war allerdings, wie der Erpel versuchte, seine

Dame zu besteigen, nämlich verkehrt herum. Unser Wunsch, sie mögen sich wie die Hühner und Gänse fortpflanzen, erfüllte sich daher nicht. Da sich die Enten und Hühner um das Futter stritten und uns das Fleisch dieser Enten nicht schmeckte, verzichteten wir auf weitere Federviehgenossen aus dem Entenreich. Dafür hielten noch andere Bewohner Einzug in das Hühnergehege. Gunnar, ein Angehöriger der Holzbau-Truppe, die vor unserem Einzug das Haus bewohnbar gemacht hatte, übergab uns seine Zwerghähne. Er hatte sich am wilden Hofleben während einiger noch ausstehender Zimmererarbeiten erfreut und fand, seine kleinen, quicklebendigen Kerlchen könnten sich bei uns besser austoben als in seinem friedlichen Haushalt. Warum nicht, sagte ich und ließ sie mit ihren größeren Artgenossen im Gehege herumtollen. Unser erster Hahn verlor angesichts seiner großen Schar die Übersicht darüber, wen er alles zu beherrschen und zu besteigen hatte. Er hetzte durch das Gehege, konnte aber nicht verhindern, dass die beiden Desperados seine Hennen jagten, um sie zu begatten. Kaum dass er mal wegschaute oder anderweitig beschäftigt war, stürzten sie sich sogar zu zweit auf das nächste Huhn. Am liebsten nahmen sie sich ein Huhn vor, das sich gerade ein Sandbad gönnte. Durch die unterschiedliche Körpergröße wäre ihr Anliegen sowieso nicht vom Erfolg gekrönt gewesen. Das behinderte aber nicht ihren Tatendrang. Danach stürzte der mächtigere Herrscher heran und scheuchte alles auf, was gerade in näherer Umgebung war. Diese unterhaltsame, aber unfriedliche Atmosphäre auf dem Hühnerhof wurde bald von mir beendet, indem ich dafür sorgte, dass die Zwerghähne ein Ende im Kochtopf fanden.

Überschuss

Schon im ersten Jahr war die Ernte ausgesprochen erfolgreich. Die Salate genossen Erde und Wetterbedingungen und bildeten große Köpfe aus. Anfang Juli waren die Möhren fast ausgewachsen. Damals hatte ich die Sorte

»Stuttgarter Riesen« gesät, von dem Versprechen ausgehend, sie seien »robust«. In ein weiteres Beet säte ich die Sorte »Nantaise«, die angeblich süßer sein sollte. Wir fanden die Stuttgarter Riesen schon schmackhaft genug. Zudem bedankten sie sich mit ordentlichem Wachstum. Sie wurden teilweise über zwanzig Zentimeter lang und richtig dick. Wir lernten allerdings, dass die Zwischenpflanzung mit Zwiebeln die Möhrenfliege nicht ausreichend wirksam vertreibt. Ende Juli zeigten die Möhren erste Anzeichen von Mitbewohnern, die sich im August noch deutlicher präsentierten. Spätestens dann war es Zeit, die gut erhaltenen und lagerfähigen Möhren herauszusuchen. Da ich gelesen hatte, dass man Möhren, in trockenen Sand eingeschlagen, gut durch den Winter bringen kann, folgte ich dem Ratschlag. Das Ergebnis war enttäuschend. Sie schmeckten abgestanden und viele von ihnen waren durch Maden, die bei der Ernte nicht erkannt wurden, zerfressen und lösten sich auf. Zum Glück hatten wir damals schon einige Beutel mit geschnittenen Möhren eingefroren.

Als die Möhren in Saft und Kraft zwei Beete bevölkerten, war klar, hier wuchs viel mehr heran als wir benötigen würden. Als Kunde des Reformhauses in Worpswede dachte ich mir, dort könnte Interesse an unseren Überschüssen bestehen. So fragte ich einfach nach. Herr Diekmann, zusammen mit seiner Frau damaliger Betreiber des Geschäfts, war erfreut über das Angebot und betonte, er würde gerne aus örtlichem privatem Anbau Gemüse verkaufen, zumal es nicht gespritzt ist. Wenn ich also noch mehr anzubieten hätte, könnte ich es morgens anliefern. Nun begann ein beidseits einträgliches Verhältnis, denn wir konnten im Austausch Waren des Reformhauses erstehen. Jeden Werktag Morgen erntete ich im Garten, was reif war und wahrscheinlich überschüssig sein würde, um es nach Worpswede zu bringen. Ich stand um sechs Uhr auf, bereitete das Frühstück für die Kinder, ging in den Garten, holte die neue Lieferung heraus.

Doch es kam der Tag, da die Freude über die Attraktivität der Gartenfrüchte getrübt wurde. Im Spätsommer lieferte ich Kartoffeln. Schöne große, noch von Resten dunkler Moorerde gezeichnete Kartoffeln. Herr Diekmann sprach mich mit Entrüstung in der Stimme an. Sie galt nicht mir, sondern dem Vertreter einer Behörde, der zur Prüfung der frischen Produkte vorstellig geworden war. Er hätte bemängelt, die Kartoffeln entsprächen nicht der vorgeschriebenen Größe. In der Tat, hier hatte der Spruch vom dummen Bauern mit den größten Kartoffeln einen bemerkenswerten Sinn erhalten. Ich erinnere mich nicht, ob damals auch anderes Gemüse, etwa Salatgurken, die nicht gerade gewachsen waren, das Missfallen des Beamten gefunden hatten. Wahrscheinlich, so stand die Vermutung im Raum, hatte es wegen der Initiative, frisches Gemüse aus privatem Anbau zu verkaufen, Beschwerde gegeben. Doch Herr Diekmann schien die Maßregelung nicht ernst zu nehmen. Jedenfalls sollte ich weiter liefern, was der Acker hergab. Das tat ich auch. Noch im November brachte ich Endiviensalate ins Reformhaus. Aber im Folgejahr deuteten sich die Grenzen dieser geschäftlichen Beziehung an. Christa und ich hatten mit unserer therapeutischen Arbeit begonnen, was natürlich Auswirkungen auf den täglichen Rhythmus hatte. Vor den Sprechstunden noch schnell Gemüse zu liefern, hatte zwar etwas Urtümliches an sich (welcher therapeutische Praktiker produziert nebenher noch Gemüse für ein Reformhaus?), war aber zeitraubend und sorgte für Hektik. Im dritten Jahr gab ich deshalb die Lieferungen auf.

Statt dessen fand ich die Idee, einen Tisch an die Straße zu stellen, um dort überschüssige Gartenfrüchte anzubieten, sinnvoll. Der Plan eines Hofladens war von uns auch angedacht, beides aber aus Mangel an Zeit verworfen worden.

Mit der Erprobung verschiedener Verarbeitungs- und Lagerungsmöglichkeiten sind wir mittlerweile gute Verwerter unserer Gartenerzeugnisse geworden. Zudem beliefern wir ja auch unsere Kinder mit ihren Familien. Seit Jahren lade ich, wenn die Erntezeit fortgeschritten ist, Nachbarn, Freunde, Bekannte ein, sich bei unseren Überschüssen zu bedienen. Meist sind dies neben Möhren auch Bohnen, Rote Beete, Zucchini, Salat und neuerdings Tomaten. Im Sommer, wenn die Zucchini in großen Mengen reifen, stelle ich den Überschuss korbweise vor den Praxiseingang, wo sich auch Patienten bedienen können.

Ein Geschäft mit dem Gemüse zu machen, liegt mir nicht. Gärtnern ist nicht mein Brotberuf. Aber es gab eine Zeit, da ich mir ernsthaft hatte vorstellen können, mit der Landwirtschaft Geld zu verdienen. Vor allem in den ersten beiden Jahren überlegte ich, ob es möglich wäre, gänzlich auf bäuerliche Aktivitäten umzusatteln. Ich hatte unseren Hof sogar als Mitglied bei dem Verband für kontrollierte Landwirtschaft (»Bioland«) angemeldet. Das war nur von kurzer Dauer. Zum einen entwickelte sich unsere therapeutische Praxis schneller als erwartet und forderte die langfristige Entscheidung, welche Arbeit im Vordergrund stehen sollte. Zum anderen scheiterte der Versuch, das Wiesenland hinter unserem Hof zu erwerben. Wir spielten damals mit dem Gedanken, nicht nur unsere Schafherde zu erweitern, sondern auch ein paar Highland-Rinder anzuschaffen. Das besagte Land hat eine Fläche von etwa acht Hektar und reicht bis zu den Ländereien von Seehausen. Der Kaufvertrag war bereits unterschrieben, da machte ein örtlicher Landwirt sein Vorkaufsrecht geltend. Immerhin konnten wir diesem Bauern zwei Morgen Wiese abkaufen, die gleich hinter der Hoffläche liegen. Im Austausch dafür erwarb er einen Streifen am Rand unseres Grundstücks, den er für einen Fahrweg zu dem Land, das nun ihm gehörte, ausbaute.

Nachdem die große Wiesenfläche den Besitzer gewechselt hatte, rückten Tieflader an. Sie hatten monströse Zugmaschinen und einen riesigen Pflug geladen. Hiermit wurde die Erde dann metertief umgewälzt - bis zur unter dem Moor befindliche Sandschicht hinein. Tag für Tag brüllten die Maschinen die Wiese rauf und runter. Sie kamen ja nur langsam vorwärts, da mit jeder Fahrt eine unglaubliche Menge Erde und Sand bewegt werden musste. Die Mondlandschaft, die auf diese Weise hinter unserem Haus entstand, bot einen deprimierenden Anblick und nahm uns fürs Erste jedes Gefühl von Naturnähe. Schließlich wurden die aufgeworfenen Erdmassen in tagelanger Arbeit eingeebnet. Und wieder brüllten die Maschinen.

Fritz und Herta, die bislang das Land mit der zugehörigen Milchquote gepachtet hatten, erhielten mit dem Besitzerwechsel die Kündigung. ihrer Milchquote. Sie mussten sich anderes Land suchen. Wie sich herausstellte, war das nächste Pachtland viel weiter von ihrem Hof entfernt. Fritz sagte mir damals, der Verlust des Pachtlandes hätte ihm die Freude an seinem Beruf vergällt. Wenige Jahre später zog er es vor, in Rente zu gehen.

Düngen und Mulchen

Was gut gedüngte Erde vermag, erfuhren wir schon in dem kleinen Garten unseres früheren Hauses. Damals hatten wir im Herbst ein Hügelbeet aufgebaut. Wir gruben in der gewählten Beetgröße ein Stück Wiese etwa zwanzig Zentimeter in die Tiefe. In das Loch gaben wir gehäckselte Äste und Zweige. Darauf legten wir Grasschnitt und Grassoden, was mit einer dicken Schicht feuchten, schon verrottenden Herbstlaubs bedeckt wurde. Andere Gartenabfälle waren beigemischt. Die vorletzte Schicht bildete Muttererde und die letzte wieder (dünn gehaltene) Grassoden. Der natürliche Gärungsprozess im Hügelbeet erzeugt hohe Temperaturen und eine schnelle Zersetzung des Pflanzenmaterials. Im Folgejahr liegt die Temperatur einige Wärmegrade über der gewöhnlicher Beete.

Unser Hügelbeet sah aus wie ein frisch aufgeworfenes Menschengrab - wir hofften, von der Nachbarschaft nicht einer entsprechenden Untat verdächtigt zu werden. Nachdem wir im Frühjahr das Hügelbeet mit verschiedenen Gemüsepflänzchen bestückt hatten, waren wir von der Fruchtbarkeit unseres Hügelbeets sehr überrascht. Die Pflanzen wuchsen und wuchsen und sahen sehr gesund aus. Diese erste Erfahrung hatte sich mir eingeprägt und reaktivierte mein Verständnis für die Kompostwirtschaft, denn ein Kompost wird ähnlich aufgebaut. Allerdings muss im Moor daran gedacht werden, immer wieder eine Prise Kalk und Urgesteinsmehl auf die Schichten zu streuen. Die Moorerde bildet zwar einen schönen Mutterboden, gut zu bearbeiten und Feuchtigkeit haltend, was man gerade in Trockenperioden zu schätzen weiß. Aber sie ist sehr arm an Mineralien.

In den ersten Jahren bevorzugte ich Stallmist gegenüber Kompost. Der Mist stammte von den Schafen, die den Winter im Stall verbrachten. Er wurde im zeitigen Frühjahr in die Beete eingearbeitet, die ich für die Starkzehrer vorgesehen hatte, allen voran die Kartoffeln, Kohlgewächse, Zucchini, Mais und Rote Beete. Von Anfang an ordnete ich die Beete nach dem Plan der Dreifelderwirtschaft: Der Anbau der Gemüsesorten wurde Jahr für Jahr gewechselt, nie wurde und wird dieselbe Frucht im Folgejahr an gleicher Stelle angebaut. Ich weiß immer, wo sich die Kartoffelbeete des Vorjahres befanden. Dort nämlich werden nach einem geringen Komposteintrag Starkzehrer eingesät. Möhren benötigen ebenso gut genährten Boden. Sie werden als Mittelzehrer bezeichnet und brauchen durchaus ein ordentliches Maß Stickstoff. Allerdings gehören sie in ausgereifte, nicht frisch gedüngte Erde. Ihr Beet sollte locker und hoch aufgebaut sein, damit sie tief wurzeln können. Sie mögen nicht, wenn man halbreifen Kompost einträgt. Ihre eigene Abwehrkraft zur Erhaltung ihrer Gesundheit ist sehr mit dem Zustand der Erde verbunden, in der sie wachsen sollen. Manchmal denke ich, die Gemüsepflanzen haben allesamt und jede für sich wirklich einen eigenen Charakter. Die Schwachzehrer, z.B. Salate und Radieschen, können sich gut entwickeln, wenn sie in ein Beet gesät werden, das im vorherigen Jahr ausreichend Kraft für Mittelzehrer aufgewandt hatte und nun »abgespeckt« ist, d.h. auch, dass es nicht zuviel Nitrat enthält.

Wie bei Fritz abgeschaut, der mich bei der Anlage des ersten Kartoffelackers angeleitet hatte, verteilte ich den Stallmist in die Ackerfurchen, die ich vorher pflügte. Anschließend wurde die Fläche gefräst. Damals war das Ackerland etwa 600 Quadratmeter groß. Es erschien mir Kräfte sparend, die Beete mit Maschinen vorzubereiten. Dennoch musste ich graben, um die Wege zwischen den Beeten anzulegen. Schon im ersten Jahr erkannte ich, dass bei anhaltendem Regen die Beete durchnässt wurden. Ziel zukünftiger Beetanlagen sollte deshalb sein, die Erde hoch aufzubauen, damit die Nässe absinken kann, falls es viel Regen geben sollte. Diese Praxis fand ich Jahr für Jahr bestätigt. Mehrfach erfuhr ich von Fritz und unserem nächsten Nachbarn Hans-Dieter, dass ihre Kartoffeln nichts geworden waren. Frühe Fäulnis hatte sie befallen. Im Moor eignet sich der hohe Beet-Aufbau in jedem Fall. Spätestens wenn die Wege im Regenwasser schwimmen ist für Pflanzen Alarm angesagt, deren Wurzeln oder gar Früchte in Staunässe müssen um ihre Existenz bangen.

Über einige Jahre säte ich auf leer geräumte Beete Zwischensaaten, um den Nährgehalt des Bodens zu verbessern und die Erde zu bedecken. Meist wählte ich hierfür Winterroggen, den ich auch mit Senf und Klee vermischte. Für die Erhöhung des Stickstoffs eignen sich besonders Schmetterlingsblütler, weil sie über Knöllchenbakterien an ihren Wurzeln organisch gebundenen Luftstickstoff im Boden hinterlassen. Zu den Schmetterlingsblütlern gehören unter anderem Ackerbohnen, Klee, Wicken, Lupinen und Felderbsen. Ihr Anbau lohnt sich, wenn der Boden gelockert und genährt werden soll. Zwischensaaten verringern die Verunkrautung. Außerdem ist eine blühende Zwischensaat hübsch anzusehen und eine willkommene Weide für die Bienen. Schließlich dient die gewachsene Zwischensaat dem Schutz vor Verdunstung bei starker Sonneneinstrahlung und hält die Krume zusammen, wenn es stürmisch windet. Zwischensaaten bereichern nicht nur große Felder. Im kleinen Rahmen sind sie genauso nützlich. Der von ihnen bewachsene Boden wird im zeitigen Frühjahr umgegraben, um die Pflanzen bzw. Pflanzenreste einzuarbeiten.

Von Anfang an baute ich Komposthaufen. Da die Beete in den ersten Jahren mit Mist von unseren Schafen und Pferden versorgt wurden, konnte der reife Kompost auf die Blumenbeete gebracht werden, wo sich prachtvolles Wachstum einstellte. Die gemisteten Gemüsebeete waren für Schädlinge anfällig. Ich lernte daraus, dass Gemüsepflanzungen, wenn sie gemistet werden, verrotteten Mist brauchen. Er sollte nicht erst ein halbes Jahr alt sein bzw. direkt aus dem Stall auf die Beete verbracht werden. Um Mist zu lagern, ummauerte ich einen Platz neben dem Stall, wo ich leicht den Schubkarren oder den

Miststreuer beladen konnte. Den Großteil des Schafs- und Pferdemists verbrachte ich im ausgehenden Winter auf die Wiesen und Weiden.

Gemüse will reifen Kompost. Deshalb ging ich dazu über, schichtweise Mist in den wachsenden Komposthaufen zu geben, jeweils überstreut mit Kalk und Gesteinsmehl. Unreifen Kompost kann man bei manchen Pflanzen als Mulch verwenden. Dann würde er die Erde bedecken, aber nicht eingearbeitet werden. Auch hier lernte ich dazu. Möhrenbeete beispielsweise mulche ich nur noch mit Grasschnitt oder gehäckseltem Stroh. Halbgarer Kompost oder eingearbeiteter Mist locken Schädlinge an. Die Möhrenfliege scheint diesem besonders zugeneigt. Auch zwischengepflanzte Zwiebeln können dann nur bedingt die Möhrenfliege abhalten. Robustere Pflanzen, Starkzehrer wie zum Beispiel Rote Beete, Kohl, Gurken, Kürbis oder Mais vertragen auch eine unreifere Bodendeckung. Man erkennt den entsprechenden Kompost daran, dass sich die Regenwürmer aus ihm zurückziehen.

Kompost ist in erster Linie nicht die Kunst des Gärtners, sondern der Natur, ihrer Gesetzmäßigkeiten und aller Lebewesen, die sich in dem Haufen zerfallender Pflanzenteile nach und nach, je nach Reifungsstadium, einfinden. Allen voran sind das die Regenwürmer. Eine wahre Pracht, wie sie sich im verrottenden Haufen tummeln. Später sind das Spinnen, Käfer und sonstige Kleintiere. Gerade in der Praxis der Kompostierung zeigt sich, dass wir Menschen eher der Natur zu Diensten sind als umgekehrt. Wir fördern mit dem Kompost die Verrottung von Pflanzen bzw. natürlichen Abfällen nach dem Modell, das uns die Natur präsentiert. Denn überall, wo Pflanzen wachsen und im Jahresrhythmus ihr Wachstum wieder einstellen, wird im Grunde genommen kompostiert. Wir Gärtner assistieren den natürlichen Prozessen. So verbinden wir uns den Lebewesen, die während der Verrottung aktiv sind und ihr Leben entfalten. Können wir uns hier einfühlen, werden wir Teil des Geschehens.

Ich nehme einen der unzählbaren Regenwürmer in die Hand, lobe ihn und bedanke mich für die Existenz all dieser wunderbaren Geschöpfe. Wir sind ihnen eigentlich so nahe. Schließlich sind auch wir Menschen Wesen dieser

Erde und unser Körper wird eines Tages ebenso verrotten, wenn er der Erde nach dem Tod anheim gegeben wird.

Kompost ist ein sehr dynamischer Organismus. Bezeichnend dafür ist, dass in seinem Inneren Temperaturen bis siebzig Grad entstehen. Die Hitze fördert die Zersetzung. Dann kann man mit einer Stange Löcher durch den Haufen bohren, um die Zufuhr von Sauerstoff in die Miete zu gewährleisten. Die warme Ausdünstung ist über den Löchern zu fühlen und zu sehen. Gerade weil soviel natürliche Kraft im Kompost aktiv ist, verwundert es, wenn die meisten Zeitgenossen ihre pflanzlichen Abfälle einer Tonne überlassen, die dann in LKWs geleert und abtransportiert wird. Sie geben ahnungslos einen Schatz preis.

Angesichts der guten Erfahrungen mit Komposten schränkte ich im Laufe der Jahre die Gründüngung ein und gab sie schließlich auf. Die Mulchpraxis stellt neben den anfallenden Pflanzenresten eine ganze Menge an Futter für den Kompost zur Verfügung. Die Kartoffeln sind dankbar für frische, lockere Komposterde und nicht minder im Jahr darauf die Starkzehrer, auf die wiederum Möhren, Zwiebeln, Porree, Radieschen, Salate und vieles andere folgen. So gedeiht die Gemüsegemeinschaft in einem allseits bekömmlichen Rhythmus. Von Anfang an hatte ich in der Wachstumsperiode die Beete gemulcht, hauptsächlich mit Grasschnitt, und gute Erfahrungen damit gemacht. Ebenso erprobte ich Deckungen mit rohem Stroh und Heu. Der erste Wiesenschnitt ist nach meiner Erfahrung optimal, da er in seiner Struktur kräftig ist und noch wenig Samen trägt.

Die Impulse für die Mulchpraxis erhielt ich von einem Buch der Amerikanerin Ruth Stout, die durch ihre Methode des ganzjährigen Mulchens bekannt geworden war. Ihr Verfahren ist so einfach wie überzeugend: Auf die Beete wird eine kräftige Schicht Grasschnitt oder Heu gegeben. Für die Einsaat kann man einen schmalen Streifen frei legen. Die Saatreihe im Mulch kann problemlos mit Gießwasser versorgt werden. Unkraut lässt sich leicht entfernen. Ähnlich verfährt man, wenn gepflanzt wird. Um das vorgesehene Pflanzloch schiebt

Der Bertahof aus der Vogelperspektive:
Die ersten Heureihen sind schon gut zu erkennen (1989)

Die Pflanzreihen des Mulchgartens (1990)

Mickey, Schlecky und Lulu mit Mutterschaf Susanne (1990)

Leitschaf Annabelle mit Tochter Mausi (1990)

Gleich beißt sich die Kinderschlange in den Schwanz: Ein lebendiger Kindergeburtstag (1990)

Zum Abschluss der Geburtstagsfeier ein Lagerfeuer (1990)

Neues Pferdeglück: Marieke auf ihrer Maxi (1990)

Besuch auf dem Bertahof: vergängliche Kunst aus Schnee (1990/91)

Zweites Kartoffelfeuer (1991)

Eishockeymeisterschaft auf dem zugefrorenen Teich (1990/91)

Blick auf das neu erbaute Praxisgebäude (1990)

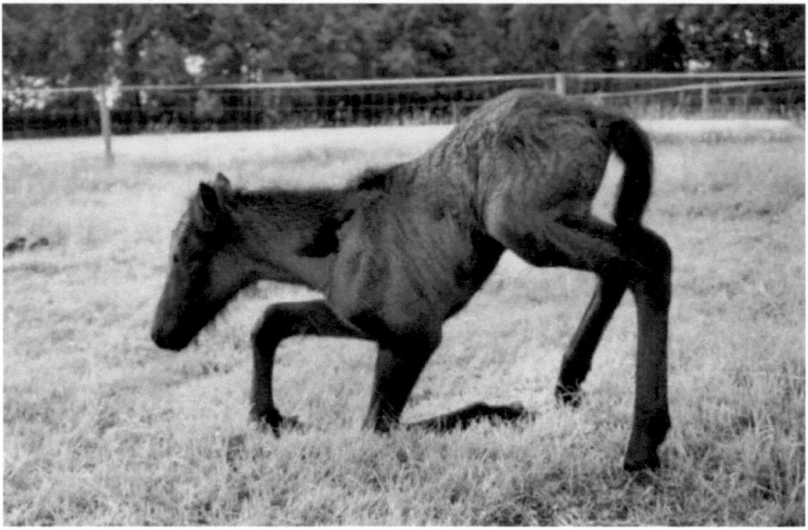

Arni macht erste Stehübungen nach seiner Geburt (1992)

Pferdemutter Roda stärkt sich nach der Geburt von Arni (1992)

Sie gedeihen gut: Stockrosen und Phlox (1995)

Erster Schwimmunterricht im Teich:
die Gänseeltern mit ihrem Nachwuchs (1990)

Halbstarke Gänse erkunden das Gelände (1990)

Eine schöne, leider nicht mehr mögliche Tradition:
das Osterfeuer beim Nachbarn H.-D. Kück (1998)

Familienporträt im Schnee (Winter 1995/96)

Der erste Nachwuchs machte uns große Freude: Mutterschaf Tina (1989)

Zeugin aus alter Zeit: die baufällige Torfscheune, die dem Praxisbau weichen sollte (1989)

Willkommen auf dem Bertahof:
Christa und Marieke mit den neugeborenen Lämmern (1991)

Mutter und Sohn wieder vereint: Arni kehrt von der Fohlenweide zurück (1997)

Die Kanuten Arne und Freun auf Abenteuer-Tour (1994)

Entenimmobilie in bester Lage: Doppelhaus Nr. 62a und 62b auf dem Teich bereit zum Einzug (1994)

man die Mulchdecke zur Seite und schließt sie wieder um das Pflänzchen herum, sobald es eingegraben ist. Ist der Boden nicht feucht genug, wird etwas Wasser an die Pflanze gegeben. Mehr braucht es gewöhnlich nicht, weil Mulch die Erde feucht hält. Lediglich in anhaltenden Trockenzeiten sollte die Feuchtigkeit mit dem Finger überprüft werden, um gegebenenfalls Wasser nachzugießen.

Einvernehmen mit der Erde herstellen

Mulchen ist nicht nur eine Technik des Gärtnerns. Es ist eine umfassende Methode, ein planmäßiges Verfahren, um bestimmte Ergebnisse zu erzielen. Mit dem Mulchen sind biologische Beobachtungen verbunden, aber auch, wie ich glaube, eine philosophische und durchaus psychologische Sichtweise. Für mich spiegelt es Bedingungen eines guten, sich stets erneuernden Lebens und seiner Vielfalt wider. Dies ist intuitiv einsehbar und einfühlbar. Zu jeder Jahreszeit schützt eine Mulchdecke den Boden vor ungünstigen Witterungsbedingungen, verhindert nicht nur Erosion und Windverwehung, sondern speichert auch Feuchtigkeit und umgibt die Pflanzen in ihrer Entwicklung mit einem Schutzraum, der ausgleichend wirkt. In der Herbst- und Winterzeit zersetzen die unter und in der Mulchdecke lebenden Organismen nach und nach die pflanzlichen Bestandteile, sodass im Frühjahr eine beträchtlicher Teil des Mulchs sich in humoser Wandlung befindet. Die Erde bleibt locker und kann gut bearbeitet werden. Selbst schweren, steinigen und tonigen Böden wird das Mulchen gut bekommen. Letztlich findet sich immer mikrobiologisches Leben ein und verhilft der Mulchschicht zur Verrottung. Sandigen Böden tut diese Methode nicht minder gut. Sie schützt in heißen, trockenen Zeiten vor Verbrennung der Pflanzen, die wirklich Not leiden, wenn sie nicht gegen die gnadenlose Hitzeeinstrahlung geschützt werden. Eine gut schließende Mulchdecke schränkt den Unkrautbewuchs merklich ein. Sie darf darum nicht dünn sein. Im Lauf der Wachstumsperiode kann Mulchmaterial »nachgefüttert« werden.

»Jeder lebende Organismus«, so schreibt Wolf-Dieter Storl, »hat eine Haut, warum nicht auch das Gemüsebeet? Wenn man in die Natur schaut, so mulcht sich jeder Wald und jede Naturwiese über den Winter ein.« Mit der Mulchdecke, die verschiedene Pflanzenreste aus dem Garten beinhalten kann, wird dem Boden durch die Verrottung Nährgehalt zurückgegeben. Unterernährte und neu einzurichtende Beete erhalten zu unterst eine Prise Tonmehl, wenn sie überwiegend sandig sind, oder Kalk und Urgesteinsmehl, wenn sie moorig und sauer sind. So ernährt sich der Garten überwiegend selbst und regt munteres mikrobiologisches Leben an. Und nicht zu vergessen: Würmer haben reichlich zu tun und produzieren das Wertvollste im Garten überhaupt, nämlich pure Saat- und Pflanzerde.

Heute ist das Mulchen für mich die selbstverständlichste Sache der Welt. Fast jede Pflanze schätzt die Mulchhilfe. Lediglich bei Zwiebeln habe ich einsehen müssen, dass sie eher frei sein wollen. Eine dünne Mulchschicht zwischen den Pflanz- oder Saatreihen reicht schon. Zwiebeln sind wie die Menschen, die keinen Schal vertragen oder Kleidung schnell einengend empfinden. Sie wollen dick und kugelig werden, auskosten, was sie an Nahrung, Sonne und Regen kriegen können. Ich mag Zwiebeln. Vielleicht ist es bezeichnend, dass sich Rosen in der Nähe von Zwiebeln wohl fühlen. Da passen empfindliche Schönheit und würzige Schärfe zusammen. Kein Wunder, Zwiebeln wirken antibakteriell. Sie enthalten schwefelhaltige ätherische Öle. In der Behandlung von Erkältungen schwören Naturheilkundige auf die Wirkung von Zwiebelsaft mit Honig. Und wenn eine Biene oder Wespe gestochen hat, kann eine angeschnittene Zwiebel, die auf die Stichstelle gelegt wird, starke Nachwirkungen eindämmen. Nicht nur Bakterien sind wenig begeistert von Zwiebeln. Auch Wühlmäuse halten Abstand.

Obwohl Zwiebeln auf Emanzipation und Autonomie bestehen, mögen sie durchaus mit anderen Pflanzen leben, etwa mit Salat, Gurken oder Möhren.

Beim Mulchen kann ein Dogma hinderlich sein. Denn ich war versucht, aus den Erfahrungen mit Mulchen eine Ideologie zu folgern. Mulchen kann Erstickung zur Folge haben. Die Pflanzen brauchen Platz zum Atmen. Genügend Luft muss um sie sein, damit sie nicht faulig werden.

»Soll ich nicht im Einvernehmen mit der Erde stehen? Bin ich nicht selbst zum Teil Blätter und Pflanzenerde?«, fragt Thoreau in seiner bereits erwähnten Schrift »Walden«. In diesem Sinne betrachte ich die gärtnerische Arbeit als eine Möglichkeit, Einvernehmen mit der Erde herzustellen. Ein überzeugender Ausdruck dessen ist die Ernährung der Erde mit Mulchen. Mulchen regt an, und zwar nicht nur das Bodenleben, sondern auch das geistige und seelische Leben des Gärtners. Mulchen ist ein Spiegel dafür, wie Menschen ihre Lebenskraft nähren können. In den Argumenten, Mulchen rege das Bodenleben an, lockere die Erde, dünge und hemme den Unkrautbewuchs, finden sich die Metaphern für eine gute Selbstversorgung wieder. Übertragen in eine entsprechende Lebensphilosophie heißt das: sorgsam darauf zu achten, was unsere seelisch-geistigen und körperlichen Kräfte anregen kann, was sie widerstandsfähig macht, und uns in der Absicht stärkt, unnütze und Kraft raubende Entwicklungen zu erkennen und einzuschränken. Dazu gehören Erkenntnisse darüber, was in unserem Leben nicht in Balance aus Geben und Nehmen ist; oder was uns das Gefühl gibt, ausgebeutet zu sein, vielleicht auch schutzlos oder zu Unrecht behandelt zu sein. In der Metapher des Mulchens bedeutet all dies, sich wieder die Nahrung zu geben, die in uns die Kraft erzeugt, dass wir zu gesundem Wachstum zurückfinden.

Hausgemachte Blumenpracht

Um uns an unserem neuen Wohnort wohl zu fühlen, gestalteten wir den Blumengarten bereits im ersten Frühling. Eine meiner ersten Ausfahrten mit dem Trecker und einem alten Anhänger galt der Absicht, Füllsand für die vorgesehene Blumen und Staudenanlage zu besorgen. Die Vorbesitzer des Hauses hatten den Bauschutt, der während ihrer Renovierungsarbeiten angefallen war, einfach in die Grube versenkt, die vor dem Stall bzw. der Diele in die Erde einbetoniert war. Darüber hatten sie Holzbohlen gelegt. Diese entfernten wir, sie waren unansehnlich, brüchig und bei nassem Wetter glitschig. Aber dann bot sich ein desolates Bild, dem wir ganz schnell einen Mantel überlegen wollten. Der dunkle Füllsand war fürs Erste die richtige Lösung, denn er schenkte den meisten Pflanzen, die Christa einbrachte, hinreichende Lebensbedingungen. Der Bauschutt erwies sich durchaus als nützlich, da er offenbar zur Nahrung der Pflanzen beitrug. Rosen, Rittersporn, Lupinen, Fette Henne, Astern, Stockrosen, Klatschmohn und manches mehr gediehen von Anfang an. Eine besondere Wohltat für die Augen aber war der Phlox. Die ersten Stauden blühten rosa. Aus ihnen entwickelten sich im Laufe der Jahre unterschiedliche Farben zwischen hellrosa über rot bis violett. Später kaufte Christa weiß blühenden Phlox hinzu. Mittlerweile liefern sich die ständig vermehrenden Stauden geradezu eine Farbenschlacht. Wir verschenken manches Exemplar, das anderen Pflanzen den Raum wegnahm, und wie wir hören, verwöhnen diese Stauden auch andernorts Menschen in ihrer großzügigen Blütenpracht.

Bald kauften wir einen Gartentisch und zwei Bänke und nahmen seither von Frühjahr bis Herbst bei gutem Wetter unsere Mahlzeiten auf der Terrasse ein. Von dort haben wir freien Blick auf die blühenden Freunde und schweifen in unseren Unterhaltungen oft ab, um die farbige Pracht zu bestaunen.

Als wir den Hof übernahmen, fanden wir schon einige Rhododendren vor. Sie waren nach Süden hin platziert. Auch die Weißdorne im Norden vor dem Haus waren uns willkommen, da sie mit ihrer Blütenmenge jeden Gang an ihnen vorbei zu einem Augenschmaus machen. Besonders dankbar bin ich für den Mirabellenbaum, der am Rand des Weges zur südlichen Wiese steht. Er ist der Künder des nahenden Frühlings, wenn seine zarten weißen Blühten hervorkommen.

Im Laufe der Zeit erweiterten wir unseren Blumengarten. Wir nahmen uns ein Beispiel am Rhododendron-Park in Bremen und legten eine Azaleen-Kolonie im halbschattigen Norden vor dem Haus an. Diese Pflanzen waren sogleich mit ihrem Zuhause einverstanden und explodieren seither in vielfacher Farbenpracht, wenn ihre Zeit gekommen ist. Wie sie gegen das Grün leuchtend kontrastieren, lässt beim Beschauer Bewunderung aufkommen. Die Augen jedenfalls können sich nicht satt sehen. Man will die Farben geradezu einatmen, in sich hineinnehmen und speichern.

Rückkehr in den Beruf

Die Frage, wie es beruflich weiter gehen sollte, kam im ersten Jahr unseres bäuerlichen Daseins unweigerlich auf uns zu. In absehbarer Zeit würde die befristete Rente auslaufen. Das bedeutete, das Leben unserer Familie musste auf eine verlässliche finanzielle Basis gestellt werden.

Überlegungen, die eine Tierhaltung unter wirtschaftlichen Gesichtspunkten betrafen, waren schnell vom Tisch. Was würde biologischer Gemüseanbau erbringen? Könnte ich damit die Familie finanziell absichern? Ich musste einsehen, dass dies nicht realistisch war. Es musste aber einen Weg geben, die Sehnsucht nach einem produktiven, naturnahen Leben zu verwirklichen. Für Christa und mich stand schon im frühen Sommer fest, wir würden ausprobieren, ob sich zwischen den Äckern, Wiesen und Bauernhöfen eine psychotherapeutische Praxis verwirklichen ließe. Ein bisschen mulmig war uns schon zumute, aber wir hatten noch ein paar Monate Luft, um zu sehen, wie sich das Projekt anlässt.

Der Sommer kam und wir verbrachten mit den Kindern viel Zeit. Christa begann mit einigen wenigen Patienten psychotherapeutisch zu arbeiten. Als Behandlungszimmer benutzte sie einen Raum im Haus, der bereits Öffentlichkeitserfahrung hatte. Dort nämlich hatte sich in der ersten Hälfte des 20.

Jahrhunderts ein Krämerladen befunden. Bislang hatten wir ihn als Gästezimmer genutzt. Etwa zu gleichen Zeit stellten wir uns bei Haus- und Fachärzten der näheren Umgebung vor. Sie zeigten sich überwiegend für unser Vorhaben einer psychotherapeutischen Praxis interessiert. Die Doktoren Alexander Kwapisz, Diethard Wolters und Knut Bortfeldt möchte ich hierbei besonders erwähnen. Ich werkelte allerdings noch tüchtig auf dem Acker und in Haus und Hof, um dem Notwendigsten gerecht zu werden. Erst nach dem Sommer stieg ich in die therapeutische Arbeit ein. Es fiel mir nicht leicht, denn ich genoss die Freiheit von beruflichen Verpflichtungen. Der Garten, ja alles auf dem Anwesen, was Beachtung brauchte, war zu meinem Element geworden. Es schien mir, als hätte ich Kraft für zwei. Ich war draußen, bis es dunkelte, und das geschieht im Sommer bekanntlich recht spät.

Unsere erste Heuernte wurde fällig. Rita, die Mutter einer Freundin von Marieke und schon damals Helferin im Haushalt, hatte ihren Cousin gebeten, die vorgesehene Wiese mit seinem Kreiselmäher zu mähen. Da lag also das Heu, das ich mit der Forke mehrfach gewendet und mit dem Rechen zu Haufen geharkt hatte. Ein lustiges Fest war das. Wir halfen alle zusammen, die Kinder vorweg, luden das Heu lose auf den Anhänger und verbrachten es auf den Heuboden in der Scheune. Bald darauf war ich ein wenig in melancholischer Stimmung, denn die Ferien der Kinder gingen zu Ende und unser neuer Weg nahm seinen Verlauf. Die Praxis bekam bald Zulauf und wir hatten schneller als erwartet gut zu tun. Offenbar war die Niederlassung auf einem Moorhof, in guter Distanz zu dichter Besiedlung, kein Hinderungsgrund. Im Gegenteil sogar, hier konnten die Patienten gewissermaßen anonym einkehren und fühlten sich meist sicher vor Beobachtung durch Mitmenschen, die sie eventuell erkennen könnten. Dies erleichterte es ihnen, die psychotherapeutische Behandlung aufzusuchen. Eine andere Reaktion erlebten wir mit der Zeit immer öfter. Die ländliche, naturnahe Lage unseres Hofs unterstützte auf eigene Art das Anliegen, Menschen zu mehr Kraft und Zuversicht zu verhelfen. Dies entsprach einer Vorstellung, die mich seit Studientagen beschäftigt hatte, nämlich dass die Nähe zur Natur in Verbindung mit einem bäuerlichen Ambiente eine hilfreiche Wirkung haben müsste. Ein Mensch, der durch einen stressreichen Alltag getrieben wird bzw. sich mitunter ruhelos antreibt, um den aufgenötigten oder selbst gewählten Aufgaben gerecht zu werden, wäre in dieser Umgebung für den Blick aufs Wesentliche in seinem Leben empfänglich. Er würde leichter auf Beruhigung der Nerven und Distanz umschalten können, als wenn er von der Hauptverkehrsstraße direkt in eine nüchtern gestaltete Arztpraxis käme. Dies ist sicherlich überzeichnet formuliert, aber die Kommentare, die wir mit der Zeit von Kolleginnen und Kollegen zu hören bekamen, deuteten durchaus in die Richtung. Sie meinten, unsere Lokalität wie auch die Einrichtung wäre etwas unkonventionell. Zweifel waren herauszuhören. »Kommen denn auch Leute zu euch? Ich glaube, das ist nicht so einfach, hier rauszufahren«, wurde häufiger bemerkt. Mit verhaltener Skepsis, wie es sich für Psychotherapeuten gehört, vernahmen sie dann, dieses Ambiente »hier draußen« gefalle durchaus den Menschen, zumindest den meisten. Nicht zuletzt kamen auch Patienten aus Bremen zu uns oder reisten von entfernteren Orten an. Natürlich funktionierte dies nur mit einem fahrbaren Untersatz, denn die öffentlichen Verkehrsmittel erreichten uns nicht.

Schon nach einem halben Jahr ließ sich absehen, wir würden auf Dauer nicht im Wohnhaus praktizieren können. Unser Familienleben, vor allem das Leben der Kinder war zu sehr eingeengt. Die Kinder ständig zur Ruhe ermahnen zu müssen, entsprach nicht unseren pädagogischen Zielen. Wir kamen nicht umhin, Räume außerhalb anzumieten. Oder wir würden ein eigenes Praxishaus auf unserem Grundstück bauen. Letzteres schien uns erstrebenswert, denn hier fühlten wir uns wohl und konnten immer wieder nach den Kindern sehen, wenn sie zuhause waren. Wir starteten eine Bauanfrage und erhielten den Vorschlag, den Bauantrag als Antrag auf Umnutzung der Torfscheune zu stellen. Für die Unterstützung seitens des damaligen Bürgermeisters Heinrich Blanke waren wir sehr dankbar. Er ließ uns später wissen, dass er als Neffe der letzten Engelken-Eltern unseren Hof gut kannte, da er in seiner Kindheit oft zu Besuch war. Er verhalf Christa zu wichtigen Informationen, als sie 2014 für ihren Familienroman über die Besiedlung und Bewirtschaftung dieser Hofstelle recherchierte.

Im Herbst 1990 war Richtfest. Das Praxishaus nahm dann schnell die gewünschte Form an. Während der Wintermonate wurde ich zum Zimmermann. Jede freie Minute verbrachte ich am Bau. In seiner äußeren Erscheinung und im Innenausbau orientierten wir uns an skandinavischen Vorbildern. Bis auf die Innenwände, die wegen der Schalldämmung mit Kalksteinen gemauert wurden, war Holz innen wie außen der wichtigste Werkstoff.

Wir waren rundum zufrieden mit unserem Werk, als wir es im Frühjahr 1991 einweihten. Wie wir fest stellten, fühlten sich die wenigsten unter den Patienten unwohl, wenn sie erstmals zur Sprechstunde kamen. Häufig standen sie am Fenster, bevor wir mit ihnen ins Gespräch kamen. Sie schauten bewundernd oder sehnsüchtig in die Weite der Felder, vielleicht auch, je nach Blickrichtung, auf den Teich und sprachen von Ruhe und Schönheit der Umgebung. Manche meinten gefühlvoll, dieser Blick wäre bereits hilfreich für sie und würde Entspannung bringen. Sie meinten, schon das Hiersein und die beschauliche Atmosphäre hätten therapeutischen Charakter.

Ganzheitliches Leben

Unser Leben bietet seither ein hohes Maß an Ganzheit. Auf wenigen Quadratmetern geben sich hier die Welt der beruflichen Arbeit und diejenige des familiären Lebens ein Stelldichein, und beide haben direkte Berührung mit der Welt der Nahrungsproduktion. Hinzu kommen die Tiere, die bei uns ihr Zuhause haben, ganz zu schweigen von den vielen Tieren, die auf den angrenzenden Feldern oder Wiesen und im urwäldlichen Gehölz leben. Privatleben und berufliche Arbeit, die vielerorts und unter den meisten Menschen getrennt gehalten werden, ja mitunter hunderte von Kilometern auseinander liegen, sind hier zusammengefasst. Sie gehen einander nicht aus dem Weg, unterwerfen sich nicht trennenden Strukturen, sondern greifen ineinander.

Wie weit haben sich die meisten Menschen der industriellen Gesellschaft von einem solchem Lebensentwurf entfernt! In gewisser Weise sind viele Zeitgenossen gespaltene Wesen, die nur noch Ausschnitte einer lebensweltlichen Ganzheit erfahren können. Die wirtschaftliche Dynamik erwartet von den meisten Menschen ein gewisses, ja hohes Maß an Flexibilität, wenn sie ihren Beruf ausüben wollen. Häufig sind sie verplant, gehetzt und unzufrieden. Die Sehnsucht nach Alternativen zeigt sich beispielsweise an den Zeitschriften zum ländlichen Leben, die in den letzten Jahren unübersehbar die Zeitschriftenregale füllen. Kürzlich zählte Christa zehn verschiedene Magazine, während ich an der Kasse eines Marktes wartete. Sie sind gut gemeint und sprechen Menschen an, die Vorschläge für eine unverfälschte Lebensqualität erhalten wollen. Vielleicht möchten sie andocken an ideelle Vorstellungen über ein Leben abseits des alltäglichen Getriebenseins oder sie spüren instinktiv, dass ihr Dasein leblos und fad geworden ist, auch wenn ihnen alle Raffinessen moderner Technik zur Verfügung stehen. Vielleicht ist es gerade diese hybride Technisierung des Alltags, die irgendwann den Geist und die Seele nicht mehr zu sättigen vermag.

Im Kontrast hierzu lebt es sich beschaulicher und sinnhafter, wenn wir etwas Produktives tun, das uns zeigt, wir können für uns sorgen. Und wo wäre das so konkret wie im eigenen Lebensbereich? Dabei macht es keinen Unterschied, auf welcher Sprosse der gesellschaftlichen Rangordnung wir stehen. Was den Gemüseanbau betrifft, stehen genug Brachland und Grasflächen zur Verfügung, um Nahrung hervorbringen zu können. Dies gilt natürlich auch für städtische Regionen. Es sollte für viel mehr Menschen möglich sein, sich neben beruflichen und verantwortlichen Tätigkeiten häuslichen Erzeugnissen zu widmen.

Ein Beispiel hierfür gab der Präsident von Uruguay, Josè Mujica. Jeden Tag fuhr er mit seinem unscheinbaren Auto zur Arbeit und kam abends wie andere arbeitende Menschen nach Hause, um mit seiner Frau die kleine Landwirtschaft zu versorgen. (Es wird kaum überraschen, dass er den Großteil seines Gehaltes spendete.) Feldarbeit wird häufig als minderwertig angesehen. Das ist sie sicherlich nicht, wenn wir sehen, was dabei heraus kommt. Es ließen sich genügend andere Tätigkeiten finden, die vergleichsweise weniger Nutzen bringen.

Katzen und Kater

Wenn es ein Tiervolk gibt, das zu einem Hof gehört, dann sind es für uns Katzen. Für andere sind es Hunde. Wenn die Bewohner Angst vor unwillkommenen Gästen haben oder für das Hüten der anderen Tiere einen geeigneten Hund brauchen, dann kann das stimmen. Aber das Hüten ist heutzutage kein Thema mehr. Alle Weiden sind eingezäunt. Ein Hund hat sachlich betrachtet höchstens die Aufgabe, wachsam zu sein.

Dass er dem Menschen Freundschaft schenkt, darf bei allem nicht vergessen werden. Er hilft den Menschen, aus dem Gleichgewicht geratene Stimmungen auszugleichen, kompensiert Liebesenttäuschungen, vermindert Einsamkeit, stimuliert Aktivität und Lebendigkeit. Kurzum, er ist dienstbar und anhänglich. Nur eines kann er nicht: Er fängt keine Mäuse, und davon gibt es im Garten und auf dem Feld, bisweilen auch im Haus, mehr als genug.

Die seltsam argwöhnischen Anschauungen, die Katzenliebhaber von Hundehaltern und umgekehrt letztere von ersteren haben, finde ich überflüssig. Mich interessiert eigentlich, wie die Tiere in die Lebenswelt hineinpassen und wie wir Menschen ihren Anlagen und Bedürfnissen gerecht werden können. Bei unserer ersten Katze namens Pucki gelang das Zusammenleben ideal, sodass wir seither immer Katzen um uns haben. Pucki, für mich die Beste aller Katzen, nahmen wir als kleines Kätzchen zu uns, weil wir fanden, sie würde insbesondere den Kindern Freude, uns aber wenig Arbeit machen – und so war es auch. Sie lebte zunächst im Haus. Nach und nach eroberte sie sich den Garten. Spätestens, als sie rollig wurde, erweiterte sie ihr Revier, kehrte immer wieder zurück, um bei ihren Leuten zu sein, sich den Bauch mit Katzenfutter zu füllen, Streicheleinheiten zu bekommen und sich eine Weile auf diesem oder jenem Schoß niederzulassen. Mit Interesse nahmen wir wahr, dass sie eine »echte Katze« wurde oder vielmehr blieb, denn häufig hatte sie eine Maus im Maul, die sie wenig später verzehrte.

Gesunde, selbstbewusste Katzen pirschen überall herum und hinterlassen ihre Markierungen. Das hilft, allem möglichen Getier, Füchsen, Ratten, natürlich Mäusen und nicht zuletzt Mardern zu signalisieren, hier müssen sie zumindest mit Aufmerksamkeit rechnen. Auch wenn sie davon nicht zwangsläufig abgeschreckt werden, so bleibt das empfangene Signal eindeutig. Sie können nicht so tun, als gehöre das alles ihnen. Einer der beiden jetzigen Kater jagt auch Ratten. Selbst Marder sind vor kämpferischen Katzen nicht sicher. Marieke erzählte die Geschichte von einer Katzenmutter, die einen Bären auf einen Baum hoch gejagt haben soll.

Was Pucki anbelangt, so gewöhnte sie sich nach dem Umzug rasch an die neue Umgebung. Nach wenigen Wochen aber lag sie tot vor der Einfahrt im Straßengraben. Sie war überfahren worden.

Zuvor hatten wir zwei junge Kater von Herta und Fritz übernommen, die froh waren, vom letzten Wurf ihrer fortpflanzungswilligen Meute einige abgeben zu können. Die Kinder und Christa freuten sich darüber, ich weniger. Als ich Pucki tot auffand, vermutete ich, dass sie sich von uns verlassen gefühlt hatte. Sie war nun mal unsere Familienkatze. Seither lebten mehrere Generationen Katzen und Kater im Haus und im Garten. Sie genossen ihr freies Leben und wir freuten uns an ihnen, mussten aber auch traurige Ereignisse in Kauf nehmen, die das Leben mancher Katzen und Kater frühzeitig beendeten. Um ihre Fortpflanzung unter Kontrolle zu halten, ließen wir die Katzen nach einem Wurf sterilisieren. Die Kater kamen erst gar nicht in den Genuss ihrer Männlichkeit. Sie wurden früh genug kastriert.

Die kleinen Vierbeiner sind ausgeprägte Persönlichkeiten. Als Beispiel mag folgende Schilderung dienen: Kiki, eine im Wortsinne bunt gescheckte (braun-beige-gelb-weiß-schwarze) Katze, lieferte den Nachweis starken Lebenswillens. Sie litt an Katzenschnupfen und an einer chronischen Entzündung der Nase. Ständig schniefte sie unappetitlich. Sie tat uns leid, aber der Tierarzt sagte, es sei wenig zu machen und sie würde bald sterben. Aber Kiki starb erst einmal nicht. Im Gegenteil, sie war ständig unterwegs und kam zwischendurch des Fressens wegen nach Hause. Bisweilen beliebte sie von der Mülltonne auf das Dach zu springen, um dort oben Vögel zu belauern. Eines Tages schleifte sie ihren Schwanz hinter sich her. Wir fuhren sie zum Tierarzt, der feststellte, dass der Schwanz eingeklemmt worden war und operiert werden musste. Fortan lief Kiki als Miniversion eines Luchses herum. Wild genug war sie ja, der Stummelschwanz bestätigte das. Totgesagte leben länger, schien ihr Motto zu sein. Sie war eine besondere Katze, eine mit Heldenpotential, ein Outlaw. Nach ein paar Jahren, wir wissen nicht mehr wie vielen, verschwand Kiki von einem Tag auf den anderen. Sie war wohl von Katzenfängern mitgenommen worden, die damals in unserer Gegend ihr Unwesen trieben.

Ein weiteres Original war Strolchi, ein weißer Kater. Er war taub, kastriert und lieferte des nachts Schreikämpfe mit einem weiteren tauben Kater aus der Nachbarschaft. Seine Qualitäten stellte er unter Beweis, als seine Schwester Susi bald nach der Geburt netter kleiner Kätzchen an Nierenversagen (so die Diagnose des Tierarztes) verstarb. Er legte sich täglich vor seine Neffen hin und ließ sie an seinem Fell nuckeln. Sie saugten kräftig daran, als käme Milch heraus.

Unsere jetzigen Kater heißen Salve und Pablo. Salve, ein hübsches, hellgrau meliertes Tier, entstammte einem am Wümmedeich ausgesetzten Wurf, den Björn während eines Spaziergangs entdeckt hatte. Er ist bald sechzehn Jahre alt, aber immer noch ein mächtiger Jäger. Wir hoffen, er lehrt dem jugendlichen Pablo dieses Handwerk ordentlich. Denn an Mäusen herrscht hier Überfluss. Pablo hat schwarzes Fell und Blässen im Gesicht, am Hals und an den

Pfoten. Nachdem er im vorletzten Frühjahr zu uns gekommen war, entpuppte er sich als ein völlig anderer Typ im Vergleich zu Salve, nämlich quicklebendig und fordernd, wenn er Hunger hat oder schmusen will. Salve hingegen ist ruhiger. Er maunzt nicht viel, er handelt. Seine Streicheleinheiten holt er sich, indem er auf den Schoß springt, sobald man sitzt. Unsere Enkelkinder lieben die Kater. Salve, im Umgang mit ihnen nicht mehr furchtsam, legt sich vor sie hin und lässt sich geduldig streicheln.

Unsere Schafe

Zur Lebensgemeinschaft mit Tieren gehörten bei uns auch Schafe und Pferde. Bis auf die Wintertage grasten sie auf den Weiden, die Pferde allerdings täglich nur eine begrenzte Zeit. Sie würden sich sonst dick und rund fressen. Schafe dagegen können auch mal eine Pause einlegen und wiederkäuen. Das macht ihren Anblick beruhigend. Sichtbar bemüht, die Balance nicht zu verlieren oder gar umzufallen, knicken sie die Vorderbeine ein und lassen sich schwerfällig im Gras nieder. Das wirkt etwas staksig und steif in der Hüfte. Dann schauen sie desinteressiert in die Gegend, ganz auf ihr Innenleben konzentriert, das die unverdauten Nahrungsteile ins Maul zurück würgt, wo sie wieder bearbeitet werden. Kauen und träumen, zwischendurch mit den Ohren zucken, um eine Fliege zu verscheuchen. Wir Menschen hingegen nehmen Kurse und gehen ins Kloster, um einer solchen Ruhe näher zu kommen. Ich behaupte, das schaffen wir nicht. Aber wenn man sich mal eine Stunde lang an den Rand der Weide setzt und den Schafen zuschaut, besteht eine gewisse Wahrscheinlichkeit, dass sich innerlich Ruhe breit macht, vor allem im Hirn. Womöglich kriegt man das gar nicht bewusst mit, weil einen Müdigkeit überkommen hat, gefolgt von einem genüsslichen Schläfchen im (hoffentlich) trockenen Gras. Wer vom gesellschaftlichen Getriebe genervt ist, kann überlegen, ob er oder sie das Zeug hat für die Schäferei. Ich garantiere ein hohes Maß an Beschaulichkeit.

Das Leben mit Schafen kann sehr abwechslungsreich sein, auch nachts, wenn ein Kleines von uns genährt werden musste. Christa und ich teilten uns ein, wer für die Frühe den Wecker zu stellen hatte. War ich es, der nachts um vier Uhr, wenn alle Welt selig schlief, das Bett verlassen musste, dann hatte ich immerhin die Gelegenheit, das Leben von der besinnlichen Seite kennen zu lernen. Die Schafe standen kurz auf und guckten mich schläfrig an, während das Lämmchen mit viel »Määh« auf mich zu stürzte und gierig den Sauger der Milchflasche bearbeitete. Es galt aufzupassen, denn bisweilen zog es auch den Sauger von der Flasche. Die Nacht im Stall bei den Tieren ist beinahe unwirklich, wie von einer anderen Welt. Sie rucken sich genüsslich im Stroh zurecht, geben einen undefinierbarem Laut von sich, malmen wiederkäuend mit dem Maul und gucken glasig ins Nirgendwo. Des nachts im Stall erscheint die Welt in Ordnung. Die Luft ist feuchtwarm, geschwängert vom Geruch des frischen Mists und von Schaf an sich - schwer zu beschreiben, aber man gewinnt ihn lieb. Wenn ich einen (chemisch unbehandelten) Pullover aus Schafswolle in der Hand halte und mir, wenn auch nur schwach, der typische Geruch zuweht, tauchen die alten Bilder auf. Am liebsten würde ich nur in Wollkleidung leben und hätte wieder Schafe auf dem Hof.

Einmal im Jahr mussten die Schafe geschoren werden. In den ersten Jahren brachte ich sie zu Hans-Dieter, wenn der Schafscherer bei ihm war. Wir halfen zusammen, um jedes Tier vor ihn hinzuzerren, damit er, das Schaf zwischen die Beine geklemmt, die Schur kunstgerecht durchführen konnte. Das laute Geblöke der anderen Schafe begleitete die Prozedur. Die Unruhe steckte alle an, auch uns, wir waren hellwach. Die Schur musste in einem Zug durchgezogen werden. Sonst wäre man tagelang damit beschäftigt. Das änderte sich nicht, als ich später selbst unsere Schafe scherte. Der Tag wurde anberaumt, ein Samstag. Ein Ritual schälte sich heraus. Marieke half mit. Die Jungs schauten zu und gaben Kommentare. Ein Kassettenrekorder wurde an die Wand gehängt, um irische Musik abzuspielen. So wurde das Ereignis auch zur kleinen Feier unserer Liebe zu Irland. Ob die Musik die Schafe beruhigte, kann ich heute nicht mehr sagen, protestiert haben sie mit Sicherheit. Die Packung Tabletten für die Entwurmung der Schafe musste bereit liegen. Das Küchenmesser für die Behandlung der Hufe war schon geschärft. Nun ging es ans Scheren. Ich hatte einen elektrischen Scherapparat gekauft, der leider schnell verfettete (Schafswolle ist bekanntlich sehr fetthaltig.) und ständig gereinigt werden musste. Irgendwann kehrten wir zur Technik der Altvorderen zurück und scherten mit einer Schafschere. Unangenehm war das Schneiden der Hufe, die voll Kot und zudem nicht selten entzündet waren. Doch hatte ich mir das betreffende Handwerk bei Hans-Dieter abschauen können und war gerüstet. Zum Schluss musste jedes Schaf noch die Tabletten schlucken. Unser Schur-Werk sah nicht sehr professionell aus, weder in der Anwendung noch im Ergebnis. Es sei denn, Punker-Haarschnitte würde auch für Schafe in Mode kommen. Aber es war getan und wir nahmen ein wenig stolz das wohl verdiente Mittagsmahl ein.

Über unser Leben mit den Schafen gibt es viele Geschichten zu erzählen. Die Lieblingsgeschichte von Christa geht so:

Eines schönen Sonntagmorgens komme ich ins Bad, um mich für den Tag fertig zu machen. Winfried ist gerade auf einer Fortbildung. Mein Blick fällt versonnen zum Fenster. Ein Schaf glotzt herein. Ich glotze zurück. Ein Schaf? Was macht das Schaf im Rosenbeet? Hier stimmt was nicht. Jetzt wache ich endgültig auf und laufe alarmiert zu den Kindern. »Die Schafe sind ausgebrochen«, rufe ich. Erschrocken wachen sie auf und sind blitzschnell in ihren Kleidern. Wir rennen hinaus und sehen nach, was passiert ist. Die Herde tummelt sich in den Blumenbeeten. Gelassen blicken uns die Schafe an, als wollen sie sagen, das sei völlig normal. Wie sind sie aus dem Stall gekommen, fragen wir uns und gehen zur Scheune, wo sich der Schafstall befindet. Das Scheunentor ist offen, ebenso die Stalltüre. Marieke hat am Abend wohl vergessen beide zu schließen. Wie bekommen wir die Schafe wieder zurück in den Stall?, fragen wir uns. Kraftfutter muss her, das überzeugendste Argument für eine Rückkehr in den Stall. Da entdecken wir, dass der Sack mit Kraftfutter umgestoßen, aufgerissen und bereits geleert wurde. Was sollen wir nun tun? Die Schafe sind nicht mit Klugheit gesegnet, denke ich mir und fülle Hühnerfutter in den Schafeimer. Damit laufen wir zurück zu den Schafen. Ich schüttele den Eimer, die Körner rasseln und die Schafe, die eigentlich gesättigt sein müssen, blöken begeistert und laufen hinter mir her zum Stall. Die Kinder passen auf, dass keines der Schafe sich einen eigenen Weg, womöglich in die frisch ergrünte Wiese, sucht. Als alle Schafe im Stall angekommen sind, schließe ich erleichtert die Tür, während die Tiere mich erwartungsvoll anschauen. Doch heute erhalten sie nicht, wie sonst beim Eintreiben üblich, ihre Portion Kraftfutter. Enttäuscht blöken sie hinter uns her, als wir die Scheune verlassen.

Schafe sind untereinander recht kommunikativ, vor allem wenn Lämmer und ihre Mütter zugegen sind. Dann werden Duette in zwei Stimmlagen dargeboten, eine junge Stimme im schrillen Sopran mit dem einfachen Text »Määäh«, die andere als Bass mit dem ebenso schlichten Text »Bäääh«, moduliert zwischen ungeduldig bzw. aufgeschreckt, was übersetzt heißt: »Was ist denn jetzt schon wieder?« und rufend, fordernd, was etwa heißen soll: »Wo steckst du?« Dann gibt es noch eine nüchtern gehaltene Aufforderung, die besagt: »Das Euter ist voll!«. Bisweilen klingt das mütterliche »Bääähl!« auch freundlich und einladend: »Komm zu mir und genehmige dir einen Schluck!«. Das Kleine ist einige Meter entfernt, hatte gerade völlig neue Eindrücke vom Gras entdeckt, sprintet aber jetzt zur Mama, um das Euter eindrucksvoll zu bearbeiten. Wenn die Milch in das Mäulchen gelangt, signalisiert das Lämmerschwänzchen bewegt: »Alles klar«. Die Mutter schaut hinunter zu ihrem Baby und schnüffelt liebkosend an seinem Hintern. Wenn sie meint, es reicht, geht sie einfach ein paar Schritte weiter. Das Kleine steht dann buchstäblich wie belämmert da und guckt irritiert, was sagen soll: »Wie? War das etwa alles?« Bisweilen, das sollte nicht verschwiegen werden, will Mama gar nicht und schubst das Lämmchen einfach zur Seite.

Wenn ich diese einfach gestrickten und doch so unterhaltsamen, liebenswerten Wesen beschreibe, tut es mir fast leid, was wir mit ihnen eigentlich vorhatten. Wir waren zu jener Zeit Fleischgenuss gewohnt und die Schafhaltung sollte die Basis unserer Selbstversorgung sein. Zumindest wollten wir ausprobieren, ob es funktioniert.

Es fügte sich vorteilhaft, dass unser Nachbar Hans-Dieter Schafszucht mit einer ansehnlichen Herde betrieb. Auch heute noch hält er Moorschnucken, allerdings nicht mehr so zahlreich. Von ihm kauften wir drei Jungschafe und einen Bock. Er unterwies mich mit wenigen Worten. Alles andere würde sich ergeben. Und es ergab sich. In der Tat funktionierte die Selbstversorgung mit Schaffleisch und Schafwurst, bis die Kinder dahinterkamen, dass das Fleisch, das wir ihnen vorsetzten, nicht vom Nachbarn kam, sondern von einem unserer Böcke. Aus Kindersicht darf ein Tier nicht gegessen werden, das noch vor einigen Monaten auf dem Schoß saß und gestreichelt wurde. Mit den Jahren mochten sie das Fleisch immer weniger. Den einen oder anderen Bock verkauften wir. Wir ließen weniger schlachten. Und schließlich nach zehn Jahren gaben wir die Schafhaltung auf. Schade. Seither muss ich die Wiesen wieder mähen. Ansonsten haben wir ja auf fleischarme Kost umgestellt.

Unsere Pferde

Ebenfalls im ersten Jahr, genauer gesagt schon nach drei Monaten, stand ein Pferd im Stall, ein wunderschönes drei Jahre altes Tier namens Kiree. Es hatte Araberabstammung und, wie sich bald zeigte, zuviel Temperament für die damals siebenjährige Marieke, die erst lernte zu reiten. Die Reitstunden auf Kiree waren sicher nicht einfach für sie. Der Stall, den ich für das Pferd gezimmert hatte, erwies sich als zu eng. Dem Tier fehlte der Auslauf. Und es war auch viel zu einsam. Jedes gesunde Wesen wird unter solchen Bedingungen verrückt. Das mussten wir einsehen, als Kiree zusehends wilder wurde und einer alleine das Tier kaum mehr halten konnte. Beim Pferdehändler tauschten wir Kiree gegen ein Pony. Es hieß Maxi und war ein Rappe mit dicht behaartem Fell. Sein Rücken wirkte ein wenig durchgesessen. Wir vermuteten, dass es früher viel getragen hatte, vielleicht in einem Zirkus oder einem Freizeitpark. Maxi war angeblich ein dreizehn Jahre alter Wallach. Pferdehändler nehmen es bei günstigen Geschäften mit Ignoranten nicht so genau. Christa sah irgendwann unter den Bauch und meinte dann, »da fehlt was«. Und der Tierarzt, der sich das Gebiss anschaute, vermutete ein Alter von etwa zwanzig Jahren. Maxi war also eine ältere Dame. Marieke hatte sie sehr lieb und konnte bald auf ihr reiten. Wir mochten sie eigentlich alle. Ihre gemütliche Erscheinung und ihr zunächst duldsames Verhalten machte sie anziehend. Dass wir sie aber mit langen Wiesengängen verwöhnten, tat ihr nicht gut. Sie bekam die Futterrehe. Das ist eine schwere Entzündung der Huflederhaut, die zu bleibenden Schäden der Hufe führen kann. Maxi hatte einfach zuviel fettes Gras gefressen. Der Tierarzt war nicht erfreut, denn ihm blühte anstrengende Arbeit. Er setzte eine Nasenbremse an, um freie Hand für den Aderlass zu haben. Die so herbei geführte Quetschung der Oberlippe unterdrückt beim Pferd die Wahrnehmung von Schmerz. Für den Aderlass wird ein kleines Rohr in die Halsschlagader gebohrt. Durch den angeschlossenen Schlauch lässt man ein paar Liter Blut aus dem Körper fließen. Wir standen alle voller Sorge und gefasst um das Tier und den Arzt herum, sagten dauernd »brav, brav Maxi« und hofften, dass alles gut gehen mochte. Es ging gut. Aber Maxi war ein Problempferd. Sie hatte nicht selten Darmkoliken. Dann führten wir sie, uns abwechselnd, durch den Hof, bis sie endlich äppelte. Leider klappte das nicht immer, dann musste der Tierarzt wieder kommen, um das Zeug, das den Darm lahm legte, eigenhändig herauszuholen.

Maxi war nicht das einzige Problempferd. Roda, eine isländische Fuchsstute, brachte es sogar bis in die Pferdeklinik. Wir kauften Roda, als wir glaubten, hinreichend gut reiten zu können. Sie war trächtig und brachte ein hübsches dunkelfarbiges Fohlen zur Welt, das wir Arni nannten. Im Winter bekam sie Asthma, und zwar so schlimm, dass wir um ihr Leben bangten. Sie erholte sich in der Klinik. Ab sofort durfte sie kein Heu mehr fressen. Alles Heu musste in Wasser eingeweicht werden. Im Jahr darauf entschied ich mich, das Futter der Pferde auf Heusilage umzustellen. Arni wiederum bekam ein Hautekzem und musste im Sommer eine Decke tragen. Das sogenannte Sommerekzem treibt das Pferd in den Wahnsinn. Es juckt furchtbar, und das Pferd kann nicht anders als jeden Gegenstand zum Lindern des Juckreizes zu nutzen. Die aufgeriebenen Hautstellen müssen mit Salbe behandelt werden, um die Wunden in der Heilung zu unterstützen und die schädlichen Stechmücken (Kriebelmücken) abzuhalten. Islandpferde sind für die Haltung in unserem Flachland weniger geeignet. In ihrem Herkunftsland gibt es kaum Stechmücken. Das Sommerekzem trifft allerdings nicht nur sie. Mangel an Bewegung sowie falsche Ernährung spielen dabei eine Rolle.

Christa und ich beschränkten uns meist auf ein paar Runden im Geviert des Reitplatzes. Marieke aber sattelte mit Freundinnen die Pferde und unternahm Ausflüge in die Umgebung. Solche Erlebnisse sind wahrscheinlich durch nichts sonst in der Welt zu ersetzen. Sie machen Mensch und Tier zeitweise zu einem Ganzen, aufeinander abgestimmt und einander vertrauend, wenn die Beziehung gewachsen ist und sich beide im Sinne des Wortes verstehen. Das ist zumindest ein Ideal. Andererseits sind Pferde ein eigenes Volk, und jedes Tier hat seine Allüren, die man kennen muss, um mit ihm ein eher erfreuliches Verhältnis zu behalten. Sie können mitunter jede Erziehung vermissen lassen oder panisch aus der Rolle fallen. Ein ungewohnter Laut, schon ein Windstoß kann ausreichen, mit hektischer Bewegung zu reagieren und die Reiterin, die entspannt im Sattel gesessen hat, liegt auf dem Boden. Wenn ihr Fuß dann noch im Steigbügel hängen bleibt und das Pferd schnell weiter läuft, kann das zu unangenehmen Folgen führen. Christa hatte sich auf ähnliche Weise am Arm verletzt, der operiert werden musste, um die splitthaltige Erde, die sich unter die Haut gegraben hatten, zu entfernen. Die Wunden heilten nur langsam ab. Anschließend nahm Christa Abstand vom Reiten. Auch Marieke machte einige unangenehme, zum Teil schmerzhafte Erfahrungen. Eines Abends kehrte sie von einem Ausritt mit Roda verstört zurück. Das

Pferd war ausgerutscht, umgefallen und hatte sich mitsamt der Reiterin hingelegt. Marieke stieg zwar noch einmal auf, um die Kontrolle wieder herzustellen, aber die Gehirnerschütterung war passiert. Nicht selten trat ihr eines der Pferde auf den Fuß, das geschah zwar nicht absichtlich, verursachte aber gehörige Schmerzen. Anders verhielt es sich, wenn Maxi nach ihr biss. Das tut vor allem im Herzen weh, weil das Tier doch geliebt wird. Aber alles in allem spricht Marieke heute überwiegend gut über jene Zeit mit den Pferden. Sie war diejenige in der Familie, die am intensivsten mit ihnen verbunden war. Gerne erinnert sie sich der Atmosphäre im Stall. Die Pferde, wenn sie mit Fressen beschäftigt sind oder satt herum stehen, strahlen Ruhe aus, lassen sich streicheln und teilen ihre Zufriedenheit mit dem Menschen. Ich kann mich gut in einen jungen Menschen hineinversetzen, der oder die zwischendurch am liebsten bei den Pferden leben und übernachten würde, um den Wirrnissen, Spannungen und Streitigkeiten im täglichen Leben etwas entgegensetzen zu können. Wenn bei den Tieren alles stimmt, herrscht im Stall Ruhe und Geborgenheit. Vielleicht ist die mythische Krippenszene an Weihnachten auch auf diese Erfahrung zurückzuführen.

Das Leben mit den Schafen und Pferden fand sein Ende, als Björn und Marieke auf das Abitur zusteuerten. Die Arbeit für die Tiere war mir über den Kopf gewachsen. Wenn von den Kindern auf Dauer keines auf dem Hof wohnen würde, wären die Tiere nur noch Belastung und keine rechte Freude mehr. Das Leitschaf, die gute alte Annabelle, und ihr Gefolge fand deshalb Aufnahme in der größeren Herde auf dem Nachbarhof. Unsere Wiesen durften die Schafe aber weiterhin abgrasen, denn wir überließen sie Hans-Dieter zur Pacht für die nächsten Jahre. Als Marieke ein Jahr später einen längeren Aufenthalt in Australien plante, verkauften wir Roda und Arni, und für Maxi fanden wir einen Gnadenhof. In meinem Bewusstsein schienen die Pferde noch etliche Jahre weiter bei uns zu leben, wenn ich bedenke, wie oft ich von ihnen nachts träumte.

Wenn ich mich an jene Zeit mit den Schafen und Pferden erinnere, kann ich bestimmt sagen, sie hatten bei uns ein gutes Leben.

Heuernte

Die Schafe und Pferde wollten auch im Winter versorgt sein. Heu bzw. Heusilage musste heran geschafft werden, und zwar nicht zu knapp. Inzwischen hatten wir noch ein Gastpferd aufgenommen, einen Isländer namens Lettir. Unsere Heuwiese reichte nicht aus. Also pachtete ich einen halben Kilometer entfernt eine Wiese, ca. eineinhalb Hektar groß. Im Frühjahr fuhr ich Mist auf. Als Anfang Juli die Erntezeit kam, wurde alles Nötige vorbereitet und geplant. Ständig hatte ich ein Auge auf die Wettervorhersage. Dann war es soweit. Was unbeteiligten Beobachtern wie eine idyllische Landszene vorkommen mag, war für mich ein stressreiches Unternehmen: Mähen, drei Tage lang einmal am Tag das Heu wenden, schwadern (d.h. das Heu in Reihen ziehen), zu Ballen pressen, auf den Hänger laden und endlich in die Scheune bringen. Das war aufregend für uns alle, als es ans Pressen und Aufladen ging. Ich hatte eine gebrauchte Heupresse gekauft, die kleine Ballen produzierte. Sie richtig einzustellen, war schon kompliziert genug, und wenn das Seil riss, das die Ballen zusammenhalten sollte, konnte einem der Geduldsfaden ebenfalls reißen.

Wenn es soweit war, dass das trockene Heu auf der Wiese gepresst wurde, standen Björn und Marieke auf dem Hänger, dessen Seitenplanken nieder gelegt waren, damit möglichst viele Ballen Platz hatten. Von der Heupresse, die an die Hydraulik des Treckers angeschlossen war, führte eine Schiene in abenteuerlicher Steigung bis zum Hänger. Auf ihr wurden die Ballen hochgeschoben. Mit jedem fertigen Ballen machte es »klick« und er wurde auf die Schiene befördert. Auf dem Hänger hatten die Kinder gut zu tun, um die nachrückenden Ballen ordentlich zu stapeln. Am Ende war der Haufen Ballen höher als ein Mensch. Oben drauf saßen die Kinder, Arne mittendrin. Der Hänger schwankte bedrohlich über jede winzige Unebenheit. Aber schließlich waren wir auf dem Hof. Für den Fall, dass ein Gewitter kommen sollte, wurden die Ballen nach einer kurzen Pause gleich auf den Heuboden verbracht.

Ansonsten war erst mal Feierabend, und alle hatten sich eine Riesenportion Speiseeis verdient. Die Lagerung der Ballen auf dem Heuboden war eine weitere Herausforderung. Christa schob mir die Ballen hin, ich hievte sie mit der Forke in die Luke, wo sie Björn oder Marieke in Empfang nahm, nach hinten schleppte und der andere sie stapelte. Arne half später auch mit. Wir waren ein echtes Familienunternehmen. Das bleibt allen unauslöschlich in Erinnerung.

Jede Heuernte war anders. An den Maschinen entstanden Schäden. Meistens war irgendein Handgriff, eine Einstellung vergessen oder falsch ausgeführt worden. Dann hetzte ich zum Schmied, um den Schaden beheben zu lassen. Das Wetter verhielt sich bisweilen anders als vom Wetterdienst vorhergesagt. Oder terminliche Schwierigkeiten brachten die Planung durcheinander. Einer angekündigten Regenfront begegneten wir einmal, indem wir Björn und Marieke in der Schule entschuldigten, damit sie helfen konnten, das Heu rechtzeitig einzubringen. Die Lehrkräfte reagierten verständnisvoll. Apropos Regen: Einer missratenen Heuernte erinnere ich mich bis heute. Angeblich sollte die Sonne vier Tage lang scheinen. Statt dessen kam wenige Stunden nach dem Grasschnitt ein Regenguss, gefolgt von weiteren Regentagen, sodass das erhoffte Heu jeglichen Nährwert verlor und liegen blieb.

Nach einigen Jahren ging ich dazu über, das Heu von einem Lohnunternehmen in großen Ballen pressen zu lassen. Diese waren etwa Mitte der neunziger Jahre in Mode gekommen. Sie erleichterten die Arbeit ungemein. Für die Pferde ließ ich das Heu zusätzlich in Folie wickeln. Auch wenn so die Arbeit für das Winterfutter erheblich erleichtert wurde, kann ich heute sagen, die ersten Heuernten, an denen die ganze Familie teilnahm, möchte ich nicht missen.

Eine besondere Geschichte sollte ich anfügen: Hierbei handelt es sich um die Ernte von Gerstenstroh, das wir für Einstreu benutzten. Ich hatte damals Gelegenheit, auf dem Acker südlich unseres Hofs Stroh zu pressen, das von der Ernte übrig geblieben war. Alles lief gut, die Sonne lachte vom Himmel und alle in der Familie halfen mit. Als die Ballen aufgeladen waren, setzte ich meine Ohrenschützer auf und steuerte die Fuhre siegesgewiss über den Fahrweg auf die Straße, während die anderen über das Feld direkt zum Haus liefen. Sie winkten vom Hof her, als ich den Trecker in die Einfahrt lenkte. Ich winkte zurück und lachte. Dann winkten sie heftiger. Ein bisschen übertrieben, dachte ich, ich war ja nicht tagelang weg gewesen. Trotzdem winkte ich nochmals freudig zurück, was noch mehr Gestik der im Hof Wartenden hervorrief. Doch als ich vom Trecker stieg, wurde mir klar gemacht, was die Winkerei bedeutet hatte. Christa zeigte verärgert auf die Einfahrt. Ich sollte mir anschauen, was ich mit meiner Fahrkunst angerichtet hatte. Die Fuhre nämlich war zu eng am Torpfosten vorbei gezogen worden und hatte einen der beiden kunstvoll gezimmerten Torflügel in seine Einzelteile zerlegt. Man sollte mit der Euphorie warten, bis alles in trockenen Tüchern ist. Dass Winken verschiedene Bedeutungen haben kann, habe ich dabei auch gelernt.

Obst

Als wir einzogen, standen auf der nördlichen Wiese sechs Apfelbäume und ein Zwetschgenbaum. Letzterer war noch von den Vorbesitzern gepflanzt worden und befand sich im jugendlichen Zustand. Die anderen Bäume sollten Äpfel tragen. Sie machten einen sehr betagten Eindruck. Ich ließ mich von der Lektüre eines Fachartikels über Jungschnitt an alten Bäumen beeindrucken. Da ich mir diese Kunst nicht zutraute, beauftragte ich ein Gärtner-Unternehmen damit, die alten, schon ein wenig zerzausten Bäume zu verjüngen. Das lohnten sie mit einem ordentlichen Ertrag. In den Folgejahren aber nahm ihre Kraft rapide ab, sodass ich sie in Ruhe ließ und schließlich absägte. Dafür pflanzte ich junge Apfelbäume. Einen der alten Bäume aber konnte ich stehen lassen. Er stellt ein Wunderwerk dar. Der Blitz hatte ihn erwischt. Die gesamte Krone knickte ab, nur noch zwei untere Seitenäste blieben am Stamm, der im übrigen einen breiten Riss aufwies. Mit den Jahren wurde der Stamm hohl.

Dennoch wuchsen neue Äste und machten den Baum zum produktivsten Apfelgewächs auf unserem Hof. Er trägt Renettenäpfel und zwar Jahr für Jahr ohne Pause.

Des weiteren liefert ein Quittenbaum seit Jahren zuverlässig seine Früchte. Er sprießt machtvoll. Zuletzt hing er voller Früchte. Da er ein Blumenbeet beschattet, falls er wachsen darf, wie er will, muss ich jeweils nach drei Jahren kräftig zurückschneiden. Bisher hat er mir das nicht übel genommen. Dieses Jahr haben wir erstmals Quittensaft mosten lassen. Er schmeckt grauenhaft. Aber eine kleine Dosis in den Apfelsaft gemischt würzt das Getränk. An heißen Sommertagen bringt ein wenig Quittensaft in Wasser gelöst appetitliche Säuerung.

Obstbäume verkünden mit ihrer Blütenpracht den Frühling. Eine wahre Augenweide wird uns präsentiert, wenn sich die Bäume in Weiß kleiden. Natürlich zittern wir mit ihnen, falls sich im April oder Mai Väterchen Frost zurückmeldet. Wir begrüßen jeden sonnigen, windarmen Tag, an dem die Bienen fliegen können. Da wird uns bewusst, wie sehr wir mit den kleinen Helfern verbunden sind. Aber auch sie sind in ihrer Existenz davon abhängig, dass genügend blühende Pflanzen, denen sie Nahrung abgewinnen können, zur Verfügung stehen. Mit Schrecken denke ich an China, wo Bienenvölker breitflächig absterben und Menschen die Befruchtung der Obstblüten selbst vornehmen müssen. Nicht minder betroffen sind Obstbauern in den USA. Dort sterben Bienenvölker reihenweise an der Milbenkrankheit, genannt Varroa-Seuche. Inzwischen breitet sich das Bienensterben auch in Europa aus. Obgleich die Ursachen nicht eindeutig zugeordnet werden können, wird doch allgemein anerkannt, dass der massenhafte Einsatz von Pestiziden in der Land- und Obstwirtschaft eine Rolle spielt. Wahrscheinlich stellt die Verarmung unserer Pflanzenwelt, leicht sichtbar am Verlust blühender Wiesen, eine ebenso große Bedrohung für die Bienen dar.

Meine ersten Erfahrungen mit Obstbäumen, die ich selbst auf den Wiesen pflanzte, sollten wenig erfreulich sein. Lediglich ein Kirschbaum und ein Augustapfelbaum gingen gut an. Alle anderen verzichteten auf ein längeres Leben, darunter ein Birnenmaum und ein Cox-Orange. Doch ich ließ nicht locker. Gezielt suchte ich nach einer Gärtnerei, die sich mit heimischen Gewächsen auskennt und stieß auf eine biologisch arbeitende Baumschule in Badenstedt. Dort wurde ich gut beraten. Alle Bäume die ich in Badenstedt erstand, darunter die Sorten Gewürz-Luiken, Ingrid-Marie, Topas und Kniebusch, akzeptierten ihren Platz, manche unter schwierigen Bedingungen. Ich bepflanzte zwei Wiesen, eine davon neben dem Gemüseacker, also in Südlage. Die dort wachsenden, mittelstämmigen Bäume sind gesund und entfalten sich gut. Die anderen Bäume entwickeln sich zögerlich, was mich nicht wundert. Sie bekommen vergleichsweise wenig Sonne und stehen nasser. Und dennoch leben sie immer noch, sie tragen bisher allerdings wenig.

Unsere erste Apfelernte an den alten Bäumen machte viel Freude. Die Kinder kletterten in die Bäume und schüttelten die Äste, während Christa und ich die Körbe füllten. Diese brachten wir in eine Mosterei. Der Saft, den wir dort erhielten, neigte leider zur Schimmelbildung in den Flaschen. Was wir im darauf folgenden Jahr ernteten, mosteten wir selbst in begrenztem Umfang und für den Sofortverbrauch. Dann folgten Jahre, in denen wir die Äpfel nach Lagertauglichkeit sortierten und für den Winter aufbewahrten. Auch jetzt lagern wir die Herbstäpfel ein, die knackig und gesund aussehen. Seit vier Jahren bringen wir die meisten Äpfel zu einer professionellen Mosterei in Worpswede und haben es bisher nicht bereut. Apfelsaft von den eigenen Bäumen hat immer einen Geschmacks-Bonus. Wir bekommen ausgezeichneten Apfelsaft. Unsere jüngste Entdeckung ist ein Mischung mit dem Saft der Roten Beete, von der wir im Übermaß ernten.

Mit den Birnen verfahren wir anders, werden aber ausprobieren, wie ihr Saft schmeckt. Süße Birnen sind frisch gegessen ein Leckerbissen. Bisher kocht Christa ein Birnenmus für unsere Enkelbabys ein. Birnenmus kann man übrigens auch mit Möhrenbrei mischen. Die Kleinen mögen das sehr gerne. Die Birnenernte fällt bislang reichlich aus, was manchen Kenner örtlicher

Gegebenheiten verwundert. Vielleicht liegt die Fruchtbarkeit an den Sorten, nämlich »Gute Luise« und »Gute Graue«. Die Lage ist sonnig und eher feucht.

Erst seit fünf Jahren pflege ich die Obstbäume planmäßig. Im zeitigen Frühjahr streue ich Kalk über dem Wurzelbereich und verteile eine dünne Lage reifen Kompost. Im Herbst bekommen ihre Stämme einen Anstrich und einen Leimring. Ersterer enthält wertvolle Mineralien und Kalk, wodurch die Rinde geschützt wird. Nach und nach löst sich der Anstrich auf und wandert zur Erde, wo seine Inhalte die Wurzeln erreichen. Der Leimring wird im September angelegt. Dies lohnt sich, da alle Schädlinge, die den Stamm hoch wandern, um in Furchen der Rinde auf die nächste Fruchtbildung zu warten, vom Leimbelag aufgehalten werden. Insbesondere Frostspanner, Ameisen und Ohrwürmer werden auf diese Weise erfasst. Die Qualität der Früchte steigert sich erheblich. Lediglich gegen die Wespen wäre dies kein Hilfsmittel. (Die Wespen mag ich trotzdem, seitdem sie einen Sommer lang im Gewächshaus ihr Nest unterhielten und die Tomaten vor Fliegen schützten.) Eine weitere Pflegehilfe ist der Baumschnitt. Diesen musste ich erst einmal erlernen. Ganz so einfach, wie er in Anleitungen beschrieben wird, ist er oft nicht. Man muss, wie unser Nachbar Fritz, mein Baumschnitt-Lehrer, zu sagen pflegte, den Baum verstehen. Das will heißen, sich in das Wachstum des Baums einzufühlen, um an den rechten Stellen entscheidende Schnitte und Kürzungen vorzunehmen. Der Baumschnitt kann in den Wintermonaten vorgenommen werden, allerdings nicht an frostigen Tagen. Die abgestorbenen Zweige kommen als erstes dran, als nächstes Zweige, die sich überkreuzen oder nach innen wachsen, während nach außen strebende Kronenäste bleiben dürfen. Die Schnittstellen an den Zweigen und Ästen sollten knapp über einem Auge liegen, das nach außen zeigt. Wenn im abgelaufenen Jahr Äste so stark behangen waren, dass sie sich besonders neigten oder zu brechen drohten, werden sie eingekürzt. Die Sägestellen sollten glatt geschnitten werden, damit sie leicht verheilen können. Wer mag, kann sie mit Baumwachs bestreichen. Das gilt vor allem für große Wundstellen. Soweit habe ich den Baumschnitt zufriedenstellend verstanden.

Gleichwohl ersetzt dies nicht die Beobachtung des individuellen Baums das Jahr hindurch. Er belohnt die Aufmerksamkeit. Mancher mag es belächeln, aber ich sage es gerne: Bäume sind Lebewesen und sie freuen sich auf ihre Art über die Freude an ihrer Fruchtbarkeit und Ermutigung, wenn es ihnen nicht gut geht.

Das Obstangebot in unserer Region ist überwältigend. Hat man Zeit und wäre bereit, aufwendige biologische Pflegemaßnahmen durchzuführen, wäre der Obstanbau eine lohnende Beschäftigung. Mit der Zeit habe ich gelernt mich zu beschränken. In den ersten Jahren bemühte ich mich um Erdbeeren, spendierte ihnen fruchtbare Beete, mulchte sie mit Stroh, krautete aus und entfernte Schnecken. Das Ergebnis war nicht sonderlich gut. Viele Beeren hielten dem feuchten Wetter nicht stand und schimmelten. Wenn Christa mit den Kindern loszog, um auf Erdbeerfeldern kiloweise zu ernten, nahm sich mein schmaler Ertrag dagegen armselig aus. Ähnlich verhielt es sich mit den Himbeeren. Für sie hatte ich sorgsam ein Spalier angelegt. Doch die Ernte fiel mager aus. Nicht nur Vögel mögen die Beeren, sondern auch Fliegenmaden. Wenn das Wetter zu feucht und windig war, nahm der Pilzbefall in einem Maß zu, dass man dabei fast zugucken konnte. Fungizide anzuwenden verbot sich von selbst. Etwas anders verhielt es sich mit den Stachelbeeren. Sie mochten unsere Beete ausgesprochen gerne, aber außer von meiner Seite bestand in der Familie wenig Gegenliebe für sie. Die Johannisbeeren, rote wie schwarze ernten wir gewissermaßen im Wettlauf mit den Vögeln. Die Kirschen überlassen wir ihnen inzwischen freigiebig.

Große Wertschätzung hegen wir für die Heidelbeeren, die bei uns an Sträuchern gedeihen. Heidelbeeren (Blaubeeren, Bickbeeren) begeistern sich an der Gartenerde, die ich ihnen bereite. Sie brauchen sauren, lockeren Boden. Dafür sorgen mooriger Humus und Mulch. Der Aufwand ist wirklich gering im Verhältnis zum Ertrag. Diesen muss ich allerdings schützen. Die Vögel, allen voran die Amseln und Stare, sind echte Fans der Beeren, die gar nicht richtig reif werden müssen, um die gefiederten Freunde anzulocken. Erst im letzten Sommer entschied ich, dass mit der Freigiebigkeit Schluss sein soll. Ich baute eine Vorrichtung aus hohen Pfählen und oben quer befestigten Latten, über die ich ein Netz hängte. Damit die Vögel sich nicht unter das Netz mogelten, legte ich Latten auf die Netzausläufer am Boden. Vor Jahren hatten wir versuchsweise Netze direkt über die Sträucher gebreitet und unterhalb der Zweige zusammengebunden. Dennoch gelang es Amseln, zu den Beeren vorzudringen. Dann aber verfilzten sie sich in dem feinen Netz, und wenn wir sie nicht rechtzeitig entdeckten, um sie zu befreien, gingen sie jämmerlich zu Grunde. In der Folgezeit verzichteten wir auf die Verteidigung der Beeren, konnten dafür aber nicht genügend ernten. Die jetzige Lösung scheint ideal, zumal wir gleichzeitig den Vögeln Sträucher ohne Netz anbieten können. Dann ist allen gedient.

Vorrat

Wenn so viel Gutes im Garten wächst, drängt sich die Frage auf, ob und wie das Gemüse und die Früchte gelagert werden können. Ganz abgesehen davon, dass hiermit ein altes Anliegen der Menschheit jedes Jahr von Neuem aktuell wird, wenn der Winter vor der Tür steht. Schließlich ist das nächste Wachstum einige Monate entfernt. Wie ich aus meiner Kindheit erinnere, hatten die meisten Haushalte einen Vorratskeller. Allerdings braucht es dafür weitgehend trockene Bodenverhältnisse. Ideal ist ein kühler Kellerraum, am besten mit Natur- oder Backsteinen gepflastert. Ein Betonboden tut es auch. Dort wo der Kellerboden ganzjährig trocken ist, vielleicht aus festgestampftem Lehm besteht, ist das Lagermilieu an sich schon appetitlich. Was auch immer dort gelagert ist, es riecht einfach himmlisch. Ein Kühlschrank kann so etwas nicht bieten.

Hinter unserem Wohnhaus fanden wir einen Erdkeller vor, wie er früher auf fast allen Moorhöfen zu finden war. Dies ist ein je nach Bedarf großer, ummauerter Raum. Außen mit genügend Erdmaterial an- und aufgeschüttet ist er fast gänzlich mit Gras bewachsen. Ein Lüftungsrohr ragt halbhoch aus der Mitte des Grasdachs. Durch die Tür betritt man einen dämmerigen Raum, dem auf der Südseite ein kleines Fenster etwas Licht spendiert. Der Boden unseres Erdkellers ist mit Kalksteinen gepflastert. Drei Räume sind abgetrennt, ein großer Raum, der früher wohl für die Rüben vorgesehen war, ein mittlerer Raum, der mit einer hüfthohen Mauer geteilt war, und ein kleiner Raum, an dessen Wänden vermodernde Regale standen, als wir ihn erstmals besichtigten. Auf diesen standen in alten Zeiten die Gläser mit Eingekochtem, während in den beiden Hälften des zweiten Raums die Kartoffeln gelagert wurden. Von der Aussicht, hier unsere Gartenfrüchte zu lagern, waren wir begeistert. Ich säuberte die Räume und zimmerte eine Kartoffelkiste mit einem nach vorne offenen Bodenteil, dem man die Kartoffeln portionsweise entnehmen konnte, eben wie ich dies aus meinen Kindertagen in Erinnerung hatte. Dann stellte ich noch zwei nicht mehr benutzte Ikea-Regale in den kleinen Raum. Schließlich reparierte ich die Tür und fertig war der Vorratsraum.

Unser Vertrauen in diesen Erdkeller war grenzenlos, denn mehrere Generationen vor uns hatten auf seine Qualität gebaut und waren nicht verhungert. Alles, was wir lagern wollten, kam dort hinein: Kartoffeln und Möhren, die in Holzkisten unter Sand frisch bleiben sollten. Das im Steinkrug milchsauer eingelegte Sauerkraut fand dort seinen Platz ebenso wie anderes lagerfähiges Gemüse und die Marmeladen-Gläser sowie die Gläser mit den milchsauer eingelegten Scheiben der Roten Beete. Dann freuten wir uns auf den Winter, um stolz bei jedem Essen uns sagen zu können, dass wir die Sache mit dem Lagern toll hinbekommen haben. Man wird raten können, was bald passierte. Der Schrecken war groß, als wir feststellen mussten, dass das Sauerkraut und alles andere Eingemachte zu schimmeln begonnen hatte. Die Kartoffeln fühlten sich nicht mehr so fest an wie nach der Ernte. Sie waren weich und glitschig geworden. Panikartig verfrachteten wir, was anscheinend noch zu retten war, ins Haus. Dort stellten wir es in einem Seitenraum der Diele unter, der trocken und kühl war und bislang die Getränke beherbergte.

Was sollten wir aus dem Malheur lernen? Erdkeller müssen luftig in der Landschaft stehen und nicht in einem Wäldchen! Unser Erdkeller war viel zu feucht. Er hatte seit Jahrzehnten nicht mehr seine Aufgabe erfüllen müssen und wies genau das Gegenteil von dem Milieu auf, was ein Lagerraum haben muss. Wir waren frustriert und das verlieh uns die Kraft, großzügig zu investieren, nämlich in die Anschaffung von zwei Gefrierschränken. Diese Entscheidung haben wir nicht bereut. Sie sind Jahr für Jahr zu Beginn des Winterhalbjahres bis zum Rand gefüllt. Und den Erdkeller im Wäldchen betrachten wir nostalgisch als Erinnerungsspur für unsere missglückte Sehnsucht nach einer Kellerkultur der Altvorderen, die hier einst kompetent ihre Lebensmittel überwinterten. Mittlerweile haben wir einen alternativen Lagerraum geschaffen. Nachdem die Schafzucht aufgegeben war, funktionierte ich einen der beiden Ställe in eine Vorratskammer um. Ich säuberte ihn rigoros und gab Dämmmaterial dorthin, wo es kalt in den Raum zog. Der Raum ist jetzt dunkel und trocken.

Bis in den Mai hinein essen wir von den Kartoffeln des Vorjahres, auch Zwiebeln halten sich gut. Die mit Erde bedeckte Rote Beete können wir dort ganzjährig lagern. Sie ist noch frisch, wenn wir die neue Ernte einfahren. Die Winteräpfel halten bis zum Frühjahr und die Hokkaido-Kürbisse bis in den Januar. Die Lagerung von Lebensmitteln kann auf vier Beinen stehen: Einkellern, Einkochen, Einfrieren und milchsauer Einlegen. Bis auf letzteres nutzen wir diese Möglichkeiten und kommen gut über den Winter. Hierfür liegt die Hauptarbeit in den Monaten August bis Oktober. Die Gemüsesorten, die gesäubert und blanchiert werden müssen, stellen ein Hauptkontingent dar, darunter Mangold, Bohnen, Porree, alle Kohlarten und Knollenfenchel. Andere Sorten können, wenn sie gesäubert sind, mit der Küchenmaschine je nach benötigter Größe geschnitten oder zerkleinert eingefroren werden. Man kann sie blanchieren, muss aber nicht. Hierzu gehören zum Beispiel Knollensellerie, Paprika oder Möhren. Petersilie, Schnittlauch und Dill werden jeweils geerntet, wenn sie ihre größte Kraft erreicht haben. Auch sie können gut eingefroren werden. Die Tomaten verarbeiten wir zu Püree, frieren einen Teil in Beuteln ein. Ein anderer Teil wird in Gläsern eingekocht. Ein dritter Teil wird in Scheiben geschnitten, getrocknet und in Olivenöl zusammen mit Rosmarin und Knoblauchzehen eingelegt.

Die Obsternte wandert je nach Geschmack und Bedarf in die Zubereitung von Marmeladen oder Gelee, so die Quitten, Blaubeeren, Rhabarber mit Erdbeeren, Johannisbeeren, Holunder mit Orangen und gekaufte bzw. gepflückte Himbeeren und Brombeeren. Ansonsten frieren wir Früchte auch ein, wenn die Ernte dies hergibt. Im vergangenen Jahr hatten wir kiloweise Blaubeeren dem Gefrierschrank übergeben, wovon jeden Morgen eine Portion für das Müsli abgezweigt wird.

Zugegeben, das hört sich alles nach viel Arbeit an und das ist es auch. Aber wenn wir wieder ein Kontingent von dieser oder jener Gartenfrucht für die Lagerung fertig gemacht haben, liegt immer ein Gefühl von Erfolg bereit, begleitet von der stillen Vorfreude auf die Zeit, wenn wir auf die Produkte unseres Gartens zurückgreifen können.

Winter

Anfang Januar. Endlich ist es Winter. Der frostige Südostwind fegt gegen das Haus. Im Ofen knistert das Holz. Ich sitze im Wohnzimmer, das eine gemütliche Einheit mit der Küche und dem großen Esstisch bildet. Hier befand sich einst der Kuhstall. Die Vorbesitzer hatten daraus einen urigen Wohnraum gemacht. Dessen Atmosphäre fanden wir schon bei der ersten Besichtigung vielversprechend. Ich stelle mir vor, wie es damals ausgesehen hatte, als die Kühe hier in Reih und Glied standen. Sie mampften genussvoll das Heu aus dem Trog. Das Stroh raschelte unter ihren Füßen, wenn sie sich bewegten. Zwischendurch platschte ein ausgestoßener Kot auf die dampfende Unterlage. Derweil, so vermute ich, saßen die Engelken, die früheren Bauern, in der benachbarten Küche und tranken ihren Tee.

Heute morgen nach dem Frühstück zog ich mir die lange Unterhose an, wohl wissend, wie schnell ich draußen auskühlen würde. Im alten Anorak, der seit Jahren die winterlichen Arbeiten erträglich machte, ging ich hinaus, um nach den Hühnern zu sehen. Ihr Trinkwasser war eingefroren und musste enteist werden. Dann holte ich Stroh aus dem Scheunenanbau, um es dick über der Stahlplatte zu verteilen, die den Öltank unserer Heizung bedeckt. In den frostigen Wintern der Neunziger Jahre hatte ich das einmal vergessen, sodass das Heizöl zu dickflüssig wurde und nicht mehr bis zum Brenner der Zentralheizung gelangte. Glücklicherweise hatten wir unsere holzfeuernden Öfen.

Die bisherigen Tage dieses Winters waren viel zu mild, mitunter frühlingshaft. Auf den Beeten sprießen schon wieder Kräuter. An einer geschützten Stelle melden sich bereits Krokusse an. Es mag seltsam klingen: Ich spüre Sehnsucht nach den früheren Wintertagen, als es tage-, ja wochenlang frostig kalt war und der Teich zufror. Damals konnten wir es kaum erwarten, darauf zu schlittern. Wenn keiner einbrach, wurden die Schlittschuhe angezogen. Die Kinder und ich spielten Eishockey. Mit Christa mimte ich kunstvollen Paarlauf. Waren wir durchgefroren, gingen wir ins Haus und genehmigten uns Tee und Kuchen. An den Wochenenden oder in freien Stunden der Woche nahmen wir einen Abstecher zur Hamme, um zu prüfen, ob das Eis hielt. Wenn dort schon andere Interessenten auf dem Eis waren, hieß es ab sofort, wir laufen auf der Hamme Schlittschuh. Christa und ich machten einen Vormittag frei. Der kalte Wind nahm uns nicht den Spaß. Wir starteten bei Neu-Helgoland und liefen die Strecke bis Ritterhude und wieder zurück. Wir durften keine Pause machen, wir waren zu verschwitzt.

Einen besonderen Höhepunkt bildete eine Schlittschuhfahrt bei Vollmond. Björn, damals wohl vierzehn oder fünfzehn Jahre alt, und ich ließen uns von Christa zur Hamme fahren. Das Eis war fast spiegelglatt. Der Wind blies nicht zu stark. Wir hatten die Eisfläche für uns. Der Mond leuchtete so intensiv, dass man die zugefrorenen Risse im Eis gut erkennen konnte. Erst liefen wir Richtung Osten. Nahe der Pionierbrücke kehrten wir um. Bei Neu-Helgoland beschlossen wir zu laufen, soweit die Füße trugen. Wir kamen zu Melchers Hütte, kletterten auf den Bootssteg und stakten in die Wirtsstube. Drinnen saßen im Dämmerlicht ein paar ältere Herrschaften in trauter Runde. Verwundert schauten sie auf. Ob wir mal telefonieren dürften, fragte ich. Man zeigte zum Telefonapparat an der Wand. Ich rief Christa an und bat sie, uns vor Tietjens Hütte wieder abzuholen. Und dann ging es wieder auf dieses phantastische Eis. Mit roten Backen, Füße und Hände angefroren, stiegen wir am Zielort die Böschung hoch und balancierten zur Landstraße. Nicht viel später kam Christa auf der einsam daliegenden Landstraße herangefahren.

Andere Winterbilder drängen sich auf: Wir rodelten auf dem hart getretenen Schnee den Susenbarg am Weyerberg hinunter, auf dem Bauch liegend, schreiend: »Weg frei!« Dann probierten wir zu dritt auf dem Schlitten die Fahrt im Wald unterhalb des Niedersachsensteins und stürzten kopfüber in die weiche Masse aus Schnee und Laub. Lachend, prustend erhoben wir uns und versuchten es erneut. Die Szene wechselt. Christa und ich schnallten uns die Langlaufschier unter und liefen zum Feld. Der frostige Südostwind kam uns entgegen. Eine fahle Sonne schien von Südwest. Wir zogen unsere Bahn in die Weite, leidlich genug Schnee auf dem hartgefrorenen Ackerboden. Stoppeln vom abgeernteten Mais schauten hier und da heraus. Spuren von Rehen und Hasen zu beiden Seiten. Dann schreckte unweit ein Hase auf und sprang in schnellen Sätzen davon. Weiter vorn schaute ein Rudel Rehe neugierig herüber und entschied sich bald zu einer wilden Jagd über die beschneiten Wiesen und Äcker.

Seit Jahren haben wir keine rechten Winter mehr. Der Klimawandel ist schneller eingetroffen als erwartet. Wird es mal wieder richtig schneien? Einen halben Meter hoch oder so. Und wird der Schnee auch liegen bleiben? Ja, wir waren damals noch rechtzeitig im Moor gelandet, um die kalten Winter kennenzulernen, die hier früher ihr Stelldichein gaben.

Wenn der schärfste Frost gewichen war und das Tageslicht Minute für Minute länger anhielt, hieß es »ins Holz«! Das meinte (und meint immer noch), nun begann die Zeit, den Vorrat des Feuerholzes aufzustocken. Anfänglich zog ich alleine los, um im Wäldchen, das unser Anwesen von drei Seiten umgibt, die Bäume herauszusuchen, die kränklich waren oder inzwischen zu eng standen. Dann nahm ich die nötigen Gerätschaften zur Hand und begann mit den Fällarbeiten. Eine Motorsäge war (und ist) dabei ein wahrer Freund. Deshalb lasse ich ihr Jahr für Jahr eine fachliche Inspektion und Säuberung angedeihen. Seit dem Jahr unseres Einzugs arbeitet sie zuverlässig. Doch auch das Handbeil, die Axt, den Spalter und die Baumsäge will ich würdigen. Sie alle helfen mit bei der Arbeit, deren Ziel die Bereitstellung von ofenfertigem Holz ist.

Bald gingen die Kinder mir zur Hand. Schon im ersten Jahr krabbelte Björn auf die wachsende Holzmiete, um dort oben, wo ich nicht hinreichte, die Holzscheite anzuordnen. Die Miete maß etwa zwei Meter im Durchmesser und wuchs über zwei Meter an. Sie war kreisrund. Obenauf wurde eine überhängende Plane gelegt und mit einem Seil um die Miete fest gebunden. Zwei Jahre lang blieb sie unangetastet. Nach einigen Jahren erbaute ich einen festen Lagerplatz, der überdacht wurde.

Holz machen wurde schließlich zu einem Ritual unter Männern. Björn und Arne entwickelten mit den Jahren kostbare Kräfte. Sie hackten das Holz, dass es eine Freude war. Die Haufen Holzscheite erklommen immer größere Höhen, bevor es ans Stapeln ging. Über einige Jahre rückten die nun erwachsenen Jungs zur Holzarbeit an und schienen alles nachzuholen, was ihnen an körperlicher Arbeit über Monate gefehlt hatte. Vater und Söhne bildeten eine schwitzende, kraftvolle Einheit. In der Erinnerung lebt sie fort und macht mich immer noch froh, auch wenn ich jetzt alleine vor mich hinwerkele.

Freizeit draußen

Zu den schönsten Erfahrungen meines Lebens im Moor gehört ein Sommerabend, an dem wir, Christa und ich, vor einigen Jahren mit dem Fahrrad unterwegs waren. Zusammen mit unseren Freunden Elke und Achim tourten wir Richtung Osten, nahmen ein köstliches Abendmahl im Gasthaus Dör'n Schapp in Vorwerk ein und machten uns entspannt auf den Rückweg. Am glasklaren Himmel zog kein einziges Wölkchen vorüber, kaum ein Windhauch war zu spüren. Bis auf unsere Gespräche war die Welt still. Einfach nur still. Am Ortsrand von Vorwerk machten wir Halt und beratschlagten die weitere Route. Dann bogen wir auf den Wirtschaftsweg Richtung Bülstedt ab. Währenddessen war es mir, als lebte ich nur für den Augenblick. Die restliche Zeit jenes Abends war magisch. Sie blieb stehen. Der Himmel hatte sich gelb-rosa gefärbt. Unabhängig davon, wie lange das Tageslicht noch anhalten würde, schien es mir ein besonders friedvoller, ewig währender Augenblick zu sein, der uns umfing, ja in den wir unmerklich hinein geglitten waren, als hätte das Universum inne gehalten, um diese vier Menschen behutsam, zärtlich in seine Arme zu nehmen. Wir fuhren gemütlich weiter. In Bülstedt entschieden wir, die Straße über Westertimke nach Hepstedt zu nehmen. Am Segelflugplatz bogen wir auf die Wiese ab und radelten durch den Wald nach Tarmstedt. Und wieder ging es durch einen Wald, bis wir uns dem Ausgangspunkt näherten. Langsam, wie von gütigen Händen geleitet, setzte die Dämmerung ein. Die Sonne war im Norden auf dem Horizont entlang gewandert, als wollte sie diesen Tag so lange wir möglich genießen, bevor sie sich den kosmischen Gesetzen beugte. Der Himmel hatte sich dunkelblau gefärbt mit Fäden dunklen Rosas und leichten Aufhellungen weichen Blaus.

Solche Erlebnisse, das klingt in meiner Beschreibung an, sind ausgesprochen selten im Leben eines Menschen. Und man kommt gar nicht um die Deutung herum, dass sie ein Geschenk sind.

Fahrradtouren können das Gefühl vermitteln, mit der natürlichen Umgebung eins zu sein. Wenn wir zum Beispiel an einem schönen, sommerlichen Sonntagvormittag mit dem Rad durch die Wiesen, Wälder und Felder fahren, ist es mir, als lebe ich in einer Parklandschaft.

Vergleichbares hat nur noch eine Wanderung durch Wald und Flur zu bieten. Freilich bekommt man weniger landschaftliche Abwechslung geboten, dafür allerdings mehr Augenblicke des Innehaltens, Beobachtens und Bewunderns, beispielsweise auf dem Weg von Neu-Helgoland nach Teufelsmoor, wo den Wanderer die Weite des Himmels überrascht und innerlich mit Freiheitsgefühlen zum Schwingen bringt. Oder auf einem Spaziergang über den Weyerberg, der neben seiner Pracht an Eichen und Buchen auch einen weiten Ausblick zur Hamme-Niederung bietet. An manchen Herbstabenden sitzt man auf der Bank mit Blick Richtung Bremen oder Ritterhude und gibt sich, wie in einer geheiligten Zeit, dem Sonnenuntergang hin. Die Gedanken kommen zur Ruhe und die Aufregungen des zu Ende gehenden Tages mildern sich wie von selbst.

Zu den besonderen Aktivitäten unserer Familie zählen zweifellos die Kanufahrten auf der Hamme. In der ersten Zeit besaßen wir ein eigenes Kanu, das wir auf dem Autodach nach Neu-Helgoland transportierten. Dort trugen wir es zum Ufer und bestiegen es behutsam, um dann mit mutigen Paddelschlägen in die Flussmitte zu gelangen. Da blieb es nicht aus, dass sich das Kanu quer zum Strom stellte. So lernten wir, im Team zu paddeln.

Die Schwimmfreuden brauchen im Moor nicht zu kurz zu kommen. Die Alteingesessenen erinnern sich gerne ihrer Jugend, als sie in der Hamme herumplanschten. Wenn wir mit dem Rad an einem warmen Sommertag zur Hamme fuhren, bekamen wir mitunter solche Sommerfrischler zu Gesicht. Sie saßen unterhalb der Pionierbrücke im Gras. Mitunter trauten sich Kinder, von der Brücke ins Wasser zu springen.

Mittlerweile haben wir das Strandbad in Neu-Helgoland zu unserem Baderevier erklärt. Dank einer Bürgerinitiative ist dort ein Sandstrand eingerichtet worden. An das Wasser der Hamme kann man sich schnell gewöhnen, wenn die Furcht vor der dunklen Moor-Färbung und dem unsichtbaren schlammigen Grund dem Erlebnis weicht, samtig-weich und kühlend umfangen zu werden. Dann lässt es sich hunderte von Metern Richtung Osten schwimmen, an Menschen vorbei, die am Ufer sitzen und fröhlich herüber winken. Abends ist die Atmosphäre besonders idyllisch. Unaufgeregt, undramatisch präsentiert sich die in Felder und Wiesen eingebettete Hamme und scheint noch gemächlicher zu fließen. Die zudringlichen Wichtigkeiten des abziehenden Tages tauchen in ihr weg, als hätten sie sich künstlich aufgebauscht, während die Sonne als leuchtende Kupfermünze in einen rosa und purpur eingefärbten Schleier eintaucht.

Unsere Bäume

Auf unserem Grundstück wachsen viele Bäume, Erlen, Kiefern, Birken, Eichen, Ahorn, Pappeln, Weiden, Ebereschen, Tannen, Fichten, Weißdorn. Zwei alte Eichen ragen heraus. Sie dürften zweihundert Jahre alt, also von den ersten Moor-Kolonisten gepflanzt worden sein. Eine Reihe hoch gewachsener Fichten grenzt die Wiese zu dem Gehölz ab, das an der Straße steht. Die Mächtigste von ihnen begrüßt den Ankömmling auf der rechten Seite der Zufahrt. Ich sehe sie als Herrin unserer Bäume und als Wächterin. Im ersten Jahr, als ich das Problem zu lösen hatte, wie ich mir Brennholz beschaffen kann, starb eine der Fichten binnen weniger Wochen, wofür es keinen erfindlichen Grund gab. Dankbar nahm ich ihr Ableben zur Kenntnis, fällte sie und verarbeitete ihren Stamm zu Brennholz.

Seither pflanze ich gerne junge Fichten. Ich nehme sie dort aus dem Boden, wo sie sich in der Enge und Dunkelheit des Unterholzes nicht entwickeln können und pflanze sie an, wo Platz für sie ist. Sie sind ja Kinder, denke ich mir. Auch jeder Eichen-Schössling, der sich auf die Gemüsebeete verirrt, wird ausgepflanzt.

Bäume sind ein Geschenk. Ich hatte mir angewöhnt, jeden Baum, den ich zu fällen gedachte, um Entschuldigung zu bitten und mich dafür zu bedanken, dass er sein Leben für die Wärme unseres Hauses vorzeitig aufgeben musste. Ich nahm mir vor, für jeden gefällten Baum einen Nachkömmling zu pflanzen. Unter den abgesägten Bäumen waren viele noch jugendlich genug, um länger leben zu können als ich je für mich erhoffen könnte. Wir Menschen finden es nur schwer vorstellbar, wie sich das Leben eines Baums anfühlt. Er steht immer am gleichen Platz. Seine Bewegungen verursacht der Wind, der auf Stamm und Äste drückt. Wie wäre es, wenn wir mit ihm kommunizieren könnten? Was würde er uns sagen? Hätte er überhaupt Interesse daran, von uns verstanden zu werden?

Ich bin sicher, er erlebt in seiner Weise Schmerzen, ja auch Trauer genauso wie Glück und Segen. Wissenschaftlich ist nachgewiesen, dass Bäume sehr sensible Wesen sind. Sie kommunizieren untereinander, sie helfen sich gegenseitig mit Nahrung über das Wurzelwerk und warnen einander vor Schädlingen. Mittlerweile bin ich davon überzeugt, dass mir ein Baum zuhört, wenn ich mit ihm rede. Und in stillen Momenten meine ich, seine Antworten vernehmen zu können.

Zurecht sorgen wir uns um das Wohlergehen der Wälder und strengen uns an, sie zu bewahren.

Erschrocken war ich, als ich 2015 über die brennenden Urwälder Indonesiens in der Zeitung las. Großteils wurden sie abgefackelt, um Platz zu schaffen für Plantagen, aus denen Palmöl für unsere Zivilisation gewonnen werden soll. Ein Waldgebiet von der Größe Bayerns verschwand. Dabei hatten Hundertausende Atemwegserkrankungen erlitten, da sie dem sich weit verbreitenden Rauch ausgesetzt waren. Wenn ich von solchen Vorgängen höre, wird mir angst und bange um die nächsten Generationen. Enttäuschung und Wut mischen sich bei. Was da passiert, ist nur möglich, weil auf unserer Seite des Globus sich der »Verbraucher« zu wenig bewusst macht, dass er durch seinen unkritischen Konsum zur Ausbeutung der Naturreserven beiträgt.

Die Folgen betreffen das gesamte Leben auf der Erde.

Wir müssen uns noch viel stärker für die Natur engagieren und sollten dies nicht nur aus Gründen der Erderwärmung durch erhöhten Co2-Ausstoß tun. Das sind äußere Daten. Das gute Gefühl für den Baum muss noch deutlicher aus uns sprechen. Die Natur ist im eigenen Land wie in der Welt durch industrielle Ausbeutung zunehmend bedroht. Wir dürfen nicht einfach nur schweigen und wegsehen. Wer schweigt und wegsieht, lädt Schuld auf sich. Wir müssen über Dinge reden, die uns zuweilen ohnmächtig machen. Ohnmacht heißt: aufgeben, sich ergeben. Das ist nicht gut. Wir können unsere Verantwortung für die Erde und die Gesellschaft niemand anderem übertragen. Sie liegt immer bei uns selber, den Menschen.

Wohnhaus und Scheune

Wir hatten ein altes, noch hinreichend bewohnbares Bauernhaus käuflich erworben und uns eine Menge Arbeit eingehandelt. Die Erhaltung und Erneuerung des Wohnhauses war mindestens so teuer wie ein Neubau. Scott und Helen Nearing, unsere Vorbilder einer modernen Selbstversorgung, sagen in ihrem zweiten Band von »Ein gutes Leben« klipp und klar: »Ein Gebäude instandsetzen - Tu's nicht!« Aber wir hatten uns in dieses Haus verguckt, auch wenn es keine Schönheit darstellte. Es wirkt bodenständig und hat ein Reetdach. Zwar mündet es nach oben in einen Ziegelfirst, was fachkundige Ästheten mit rümpfender Nase begutachten würden. Aber alleine die Dachfläche imponiert mit ihrer riesigen Fläche.

Mit gewisser Sympathie für die Bauernhaus-Renovierer lassen die Nearings keinen Zweifel daran, dass alte Häuser eben alt sind: »Wir wissen, dass alte Gebäude einen Reiz für Leute besitzen, die die Geschmacklosigkeit und den Mangel an Schönheit und Würde satt haben, welche man so oft in den »Neubaugebieten« überall im Land antrifft. Wir lehnen solche würdelose Strukturen ebenfalls ab. Aber das ist kein Grund, alte Gebäude zu akzeptieren und aufzumöbeln, die, egal wir repariert und renoviert, immer noch alte Gebäude bleiben, auch wenn die Ziegel und die Anstriche neu sind.«

Unser Wohnhaus wurde 1900 erbaut. Die Bauleute waren das Ehepaar Engelken, die in vierter Generation die Hofstelle bewirtschafteten. Damals waren die Bauern dazu übergegangen, Neubauten gänzlich mit rotem Backstein auszuführen. Viele dieser Gebäude sind mit abgesetzten Ornamenten über den Fenstern oder im Giebelbereich verziert.

Der ursprüngliche Stall war von den Vorbesitzern in ein großes Wohnzimmer verwandelt worden. Mit alten Ständern, die auf einer Betongründung stehen, und naturerhaltenen Eichenbrettern über den Deckenbalken hat er einen unverwechselbaren Charakter bekommen. Der ehemalige Stallboden war ausgeräumt und betoniert worden. Auf ihm liegen Dielenbretter. Zum Flur und zur Diele wurde der Raum mit Kalksteinen abgemauert. Nachdem wir eingezogen waren, ließen wir einen großen Kachelofen errichten. Zehn Jahre später wurde eine Küche an der Stirnseite gegenüber dem Ofen eingebaut. Somit ist ein echtes Zentrum im Haus entstanden. Hier leben wir die meiste Zeit, wenn wir uns im Haus aufhalten.

Ein Schmuckstück im Haus alleine reicht nicht aus, um sich wohnlich zu fühlen. Wir kamen nicht umhin, immer wieder Baumaßnahmen durchzuführen. Sommer für Sommer hatten wir eine Baustelle, manchmal auch zwei. Im ersten Jahr war dies der Umbau der ehemaligen Melkkammer in ein Badezimmer und des vorherigen, engen Bades in eine Waschküche. Ebenfalls in jenem Jahr ließen wir das Dach mit einer dicken Schicht neuen Reets ausbessern. In den Jahren darauf erfolgten Ausbauten verlassener, noch nicht benutzter Räume, wodurch ein Schlaf- und ein Bürozimmer entstanden. Bald zeigten sich erste Verrottungen der Dielenbretter, die vor unserem Einzug in vier Zimmern verlegt worden waren. Wir entschlossen uns zu einer Radikalkur. Der Boden dieser Zimmer erhielt eine Betonsohle. Mit neuen Dielenbrettern versehen sind sie nun grundsaniert. Dann sollte die obere Etage des Anbaus genutzt werden. Zum Glück war bereits eine Betondecke vorhanden. Altes Gerümpel wurde ausgeräumt. Leichtbauwände und Holzverschalung an der Innendecke des Giebels schafften helle, gemütliche Räume. Von außen wurde der obere Teil des Giebels abgerissen und durch Fachwerk ersetzt, in der große Fenster eingebaut sind. Die Errichtung eines kleinen Duschbads und einer Holztreppe zum obigen Flur gehörten ebenso zu dieser Baumaßnahme. Daraufhin konnten die Kinder in dieses Stockwerk ziehen, was Christa und mir ein größeres Schlafzimmer möglich machte. So hatten wir auch Platz für ein Gästezimmer und einen Werkstattraum bekommen. Im Jahr darauf wurde der Dachboden über dem Altbau saniert, mit neuem Dämmmaterial und massiven Brettern ausgestattet. Als nächstes ließen wir den einsturzgefährdeten Giebel zum Hof abreißen und neu aufbauen. Dies verbanden wir mit dem Ausbau der Diele zu einem großzügigem Vorraum, in dem neben der schon existierenden Sauna die bisher gelagerten, alten Küchenmöbel und die Gefrierschränke Platz fanden. Der Giebel wurde in Fachwerk gebaut, nicht unbedingt stilecht, aber er sieht nun recht schmuck aus. Neben diesen Bautätigkeiten fanden auch Erweiterungs- und Erhaltungsmaßnahmen an der Scheune statt. Als wir die landwirtschaftlichen Geräte nicht mehr alle unterstellen konnten, wurde ein geräumiger Anbau auf der Südseite errichtet. Dieser ist ein einfaches, aber haltbares Gebäude auf Holzständern, mit Bretterverschalung und einem Schleppdach. Für die Pferde erbaute ich einen ähnlich gestalteten Anbau auf der Nordseite der Scheune. Die Scheune selbst aber wurde mit der Zeit zum Problem. Sie besteht aus zwei Teilen, einem alten aus dem neunzehnten Jahrhundert stammenden und einem wahrscheinlich in den Vierzigerjahren des letzten Jahrhunderts errichteten Teil. Der letztere war doppelwandig gemauert worden, außen Backstein, innen Kalkstein, und machte einen soliden Eindruck, zumal er mit Punktfundamenten gegründet ist. Die Mauern des alten Teils hatten keine Gründung, standen also auf Sand. Sie waren in Fachwerk ausgeführt, dessen Mauerung bröckelte. Der Zustand des alten Scheunenteils verschlechterte sich dramatisch. Das Dach begann sich in der Mitte der Südseite zu neigen und stand schließlich vor dem Einsturz.

Eine Radikalkur wurde notwendig. Uns war klar, der Verzicht auf einen Neubau würde das Aussehen des Hofs verunstalten. Zudem bestand ausgiebig Bedarf an Unterstellmöglichkeiten. Und wer weiß, ob Tiere wieder gehalten werden sollen, von uns oder möglichen Nachbesitzern. Schließlich war zu beachten, dass die Scheune später einmal zu einem Wohnhaus oder zu Wohneinheiten ausgebaut werden kann. Also entschlossen wir uns zu einem Neubau, der wieder in Fachwerkbauweise ausgeführt wurde. Das Dachgebälk schloss sich direkt an das des jüngeren Gebäudeteils an, sodass wir die gesamte Scheune mit neuen Ziegeln eindecken lassen konnten.

Seit fünf Jahren haben wir nun Ruhe vor baulichen Veränderungen. Aber schon wartet die nächste Maßnahme auf uns, die Reparatur des Reetdachs, das vom Marder an vielen Stellen zerzaust wurde und auch Moos angesetzt hat.

Die obige Auflistung von Renovierungs- und Erhaltungsmaßnahmen kann auch als Mahnung an Liebhaber bäuerlicher Anwesen verstanden werden, sich nicht ohne genaue Vorabkalkulation der späteren Kosten in das Abenteuer eines Kaufs zu stürzen.

Im Dorf

Unser Dorf besteht aus einer etwa dreieinhalb Kilometer langen Straße, die am Ende einen Knick macht und zur Parallelstraße führt. Es ist ein Hufendorf. Viele der hiesigen Moorsiedlungen wurden im 18. Jahrhundert als Kolonien geplant und angelegt. Der staatlich bestellte Organisator war Jürgen Christian Findorff, ein genialer, verantwortungsbewusster und menschlich offener Mann. Er wird heute noch von den Nachfahren der Moorbauern verehrt als »Vater aller Moorbauern.« In den Moorsiedlungen lagen die Gehöfte jeweils etwa hundertzwanzig Meter auseinander. Die zugehörigen Ländereien zogen sich in dieser Breite weit ins Moor hinein. Je nach Lage der Siedlungen und angelegtem Gräben kam noch eine Vorweide hinzu. So jedenfalls sieht das Grundmuster der Hofstellen in unserem Dorf aus. Heute existieren nicht mehr viele der von Findorff eingerichteten Grundstücke in ihrer ursprünglichen Größe. Die meisten Anwesen sind mindestens halbiert und oft mit einem oder mehreren Einfamilienhäusern bebaut. Dennoch ging die angestammte Bevölkerung noch bis in die neunziger Jahre von der traditionellen Höfe-Aufteilung aus, um sich dörflich zu organisieren. Dies zeigte sich uns, als wir erstmals mit der »Nachbarschaft« in Berührung kamen. Wie mir Hans-Dieter berichtet, waren das nicht einfach die Bewohner naher Häuser, sondern ein verpflichtender Bestandteil des Gemeinschaftslebens. Je nach Vereinbarung im Dorf reichte die Nachbarschaft zwei oder drei Hofstellen in beide Richtungen. Früher sah sie Dienste für bestimmte Gelegenheiten vor, so etwa die Zubereitung des Hochzeitsmahls, das Binden des Festkranzes (der über dem Eingang aufgehängt wurde) und die Waschung von Toten, die dann in der Diele aufgebahrt wurden. Das Kranzbinden wird heute noch von manchen Nachbarn gepflegt. Die Nachbarschaft diente zudem der gegenseitigen Information mit zuweilem verbindlichen Charakter. Das merkten wir erst, als ein Nachbar verstorben war. Telefonisch darüber in Kenntnis gesetzt, dachten wir uns nichts weiter. Vielleicht sahen wir auf dem Terminplan nach, wer von uns Zeit für die Beerdigung hätte. Ein paar Tage später bekamen wir einen peinlichen Rüffel. Wir hätten, so erfuhren wir, die Information im Rahmen der Nachbarschaftsreihe weitergeben sollen. So aber wären wir dafür verantwortlich, dass er, der rüffelnde Nachbar, einen vergeblichen Krankenbesuch gemacht hätte. Statt den Kranken anzutreffen, begegnete er der trauernden Witwe.

Eine andere verbindliche Regelung war das »Bauernmahl«. Hierbei handelte es sich um eine Unterteilung des Dorfes in Einheiten mehrerer Hofstellen. In unserem Dorf sind dies vier Bauernmahle. Sie wurde von den Altvorderen festgelegt und über Generationen beibehalten. Ein Bauernmahl tritt beispielsweise bei Beerdigungen in Aktion. Die zugehörigen Männer haben die Pflicht, den Sarg zu tragen. (Mehrfach gehörte ich zu dieser Truppe.) In alter Zeit, als der Sarg mit einem Karren zum Friedhof gebracht wurde, geleiteten die Mitglieder des Bauernmals die Fuhre. Später kamen Pferde-Fuhrwerke zum Einsatz. Damals wurde den Frauen gestattet, auf dem Fuhrwerk mitzufahren, während die Männer tapfer hinterherliefen. Das wären etwa sechs Kilometer von unserem Hof aus. Nach der Beerdigung nahmen die Trauergäste an einer Mahlzeit teil, für die das sogenannte »Milchgeld« gespendet wurde. Von dieser Regelung, die wohl teilweise noch als gültig anerkannt wird, erfuhr ich erst nachdem ich mich blamiert hatte. Denn nach meinem ersten Einsatz als Sargträger ging ich mit zur Kaffee-und-Kuchen-Runde ins Gasthaus. Als es zum Abschied kam, sah ich, dass die Gäste den trauernden Angehörigen Briefkuverts zusteckten. Und ich hatte kein Geld dabei, geschweige denn ein Kuvert. Schwitzend und mit gerötetem Haupt entschuldigte ich mich.

Es scheint noch eine weitere Verpflichtung zu geben, nämlich die Einhaltung der Viertel-Stunde-Regel. Wenn wir zum Kaffee einluden, zum Beispiel anlässlich der Konfirmation eines unserer Kinder, die Einladung übrigens auch ein Muss der Nachbarschaft, dann versammelte man sich eine Viertelstunde vor Termin an der Einfahrt und kam geschlossen hereinspaziert. Ziemlich aufmerksam wurde inspiziert, ob im Haus alles sauber und aufgeräumt ist. Selten habe ich so flinke Augenbewegungen gesehen. Ich glaube wir haben keine optimalen Noten bekommen, obwohl wir uns tüchtig angestrengt hatten, Reinlichkeit und Ordnung herzustellen.

Die niedersächsische Gebietsreform in den siebziger Jahren nahm unserem Dorf die Selbstverwaltung. Als lokale Organisationsform blieb die »Dorfgemeinschaft« übrig, ein eingetragener Verein mit eigenem Gebäude. Gleich nach unserem Einzug nahm ich an der Jahresversammlung der Dorfgemeinschaft teil. Der damalige Vorsitzende Hermann Meyerdierks begrüßte mich offiziell als neuen Dorfbewohner und hieß mich freundlich willkommen. Er sagte dies, offenbar mir zuliebe, auf hochdeutsch. Ansonsten wurde platt gesprochen. Man beäugte mich natürlich. Noch wusste man nicht so recht, was wir vorhatten. Dass wir willens waren, Teil des Dorfs zu sein, konnten wir direkt zeigen, als ich mit Rita eine Kindergruppe für das weihnachtliche Krippenspiel sammelte. Wir übten fleißig mit den Kindern und führten das Ergebnis bei der Weihnachtsfeier im Dorfgemeinschaftshaus auf. Das machte allen richtig Freude. Nach längerer Unterbrechung nahmen Christa und Rita diese Initiative wieder auf. Zusammen mit unserer Nachbarin, die auch Christa heißt, begleiteten wir die Weihnachtslieder musikalisch.

Die freundliche Aufnahme im Dorf zeigte sich in besonderer Weise. Als in einer nahen Moorsiedlung das zweihundertjährige Gründungsjubiläum gefeiert wurde, trug man mir die Ehre an, den Festwagen bei dem feierlichen Umzug mit meinem gerade erstandenen Trecker zu ziehen. Auf dem Festwagen saßen Frauen des Dorfes in Kleidung nach der Art der Altvorderen. Christa befand sich unter ihnen, auch unsere Kinder waren dabei. Ein Jahr später durfte ich diese Aufgabe nochmals wahrnehmen. Ein anderes Dorf war ebenfalls zweihundert Jahre alt geworden.

Unser Dorf hatte seine Zweihundertjahrfeier 1994. Ein riesiges Zelt wurde aufgebaut. Ein Festumzug fand statt, der sich sehen lassen konnte. Dann wurde getanzt und gefeiert, alles in der Regie der Dorfgemeinschaft. Das funktionierte prächtig. Die Dorfgemeinschaft hält die Gemeinsamkeiten am Leben. Sie ist recht rührig, feiert Grillfeste, bietet Klönabende, Spielrunden und Ausflüge an. Der Termin aber, zu dem fast das ganze Dorf zusammenkommt, liegt am Abend vor Ostern. Dann wird das traditionelle Osterfeuer entzündet, ein mächtiges Feuer, genährt von den zuvor herangekarrten Baum- und Strauchabfällen des Dorfes. Wir nehmen Jahr für Jahr daran teil, mittlerweile mit den Enkelkindern, die jeweils zu Besuch sind. Sie machen große Augen, denn das kennen sie nicht von ihren Wohnorten. Auch wenn unsere Zeit so nüchtern und technisch geworden ist, angesichts des Osterfeuers kommt immer noch etwas mehr als die hoffnungsvolle Erwartung herüber, dass der Frühling naht. Das teilt sich Jung und Alt mit.

Eine spezielle Sitte soll noch erwähnt werden: Das »Maibaumgießen«. Mit diesem jährlichen Ritual können wir uns nicht anfreunden, weil die jungen Männer und Frauen bald gröhlend und meist betrunken die Straße entlang ziehen. Wir wurden vorgewarnt, als wir das erste Mal davon direkt betroffen waren. Zwei junge, abgeschlagene Birken wurden in der Nacht vor Pfingstsonntag auf unserer Wiese eingebuddelt. Eine Birke war der Tatsache gewidmet, dass ein Mädchen in unserer Familie lebte. Die andere galt unserem beruflichen Status als Selbständige. Deshalb, so sagte man uns, würde Gastfreundschaft erwartet. Am Sonntagnachmittag rückte die Schar Jugendlicher an. Alle gaben sich lustig, viele waren betrunken. An die beiden Birken wurde Wasser gegeben. Wir servierten nichts Alkoholisches, sondern boten Saft, Wasser und belegte Brote an. Sie waren sehr willkommen.

Das Maibaumgießen stammt aus alter Zeit, als die jungen Männer an Pfingsten umherzogen, um sich den Familien mit unverheirateten Töchtern vorzustellen. Das war gewissermaßen ein offizieller Termin, der auch Annäherungen möglich machen sollte. Jedenfalls hatten die Burschen Gelegenheit, ihre Zuneigung zum Ausdruck zu bringen. Heute brauchen die Jugendlichen solche Rituale eigentlich nicht mehr, sie kennen sich ja schon gegenseitig.

Als unsere Kinder ins Jugendalter kamen, fanden sie nichts Attraktives am pfingstlichen Umzug ihrer Altersgenossen. Sie fühlten sich nicht zugehörig, was auch daran lag, dass sie fast die Einzigen ihrer Altersgruppe im Ort waren, die das Gymnasium besuchten.

Im Laufe der Jahre hat sich das Ortsbild verändert. Auf einem Teil der Vorweiden ist eine Siedlung mit Einfamilienhäusern entstanden. Wie zu hören ist, sind nicht alle angestammten Dörfler davon begeistert. Auch sind einige Häuser entlang der Straße gebaut worden. Die Haltestellen des Schulbusses haben überdachte Wartehäuschen bekommen. Bei Dunkelheit werden sie von Straßenlaternen beleuchtet. Drei Veränderungen aber verdeutlichen den Wandel auffallend: Die einstigen Geschäfte, Bäcker- und Lebensmittelläden, sind verschwunden. Ein einziges Geschäft existiert noch im Nachbardorf. Auch die Gastwirtschaften wurden bis auf eine, ebenfalls im Nachbardorf gelegene, aufgegeben. Die zweite Veränderung betrifft den örtlichen Verkehr. Anfangs fuhr selten ein Auto am Hof vorbei. Man konnte durchaus eine Viertelstunde auf der Straße spazieren, ohne einem Auto ausweichen zu müssen. Inzwischen vergehen keine fünf Minuten ohne Autoverkehr, und oft fahren zwei, drei Autos hintereinander. Die dritte Veränderung ist äußerlich weniger sichtbar. Noch immer stehen abends und nachts große Milchtransportbehälter am Straßenrand, wo der Laster der Molkerei anhält, um die Milch in den Tank zu füllen. Die Zahl der Behälter nimmt seit Jahren ab. In unserem Dorf existieren noch vier landwirtschaftliche Vollerwerbsbetriebe. Ihre Zahl hat sich seit Anfang der neunziger Jahre halbiert. Neben ihnen gibt es ähnlich viele Nebenerwerbsbetriebe, deren Zahl ebenfalls drastisch abgenommen hat. Nachdem wir hier eingezogen waren, besorgten wir Abend für Abend unsere Milch noch bei Fritz und Herta, unseren Übernachbarn. Sie werkelten im Stall, fütterten und melkten die Kühe, während Jan, der über Achtzig jährige Vater von Fritz, die Kälber versorgte und der Schäferhund umher streifte. Es war ein Bild wie aus alten Zeiten. Fritz, der vor etlichen Jahren verstarb, war nicht immer Vollerwerbsbauer gewesen. Wie mehrere Männer des Dorfs war er in den sechziger Jahren in die Landwirtschaft zurückgekehrt, nachdem er zuvor Lohnarbeit betrieben hatte. Damals wurde die Landwirtschaft im Moor motorisiert. Schlepper (heute Trecker genannt) mit zugehörigem Gerät fanden ihren Weg auf die Höfe. So konnten die Äcker und Wiesen mit geringerem Zeitaufwand bestellt und bearbeitet werden als dies früher der Fall war. Eine Person, ein Schlepper und ein zweischariger Pflug reichten aus, um zwei Morgen (2.500 qm) Feld an einem halben-Tag zu pflügen. Mit einem Pferdegespann brauchte man den ganzen Tag. Die Einführung der Maschinen machte die Landwirtschaft attraktiver. Mit dem in Lohnarbeit verdienten Geld und, wenn notwendig, einem Bankkredit konnte man sich einen Trecker leisten. Aber nicht nur deswegen kehrten Bauern auf ihr Land zurück. Sie hatten meist guten Grund, den heimischen Herd wertzuschätzen. In der Stadt und in den Fabriken fanden sie oft wenig Anerkennung.

Auf dem Bauernhof zu leben und zu arbeiten ist heute kein Zuckerschlecken. Es ist längst eine Mär, dass ein Bauer sein eigener Herr sei. Er ist abhängig von der verarbeitenden Industrie, der Weltwirtschaft und den Subventionen. Wer nicht mithalten kann beim Investieren und Industrialisieren, bleibt auf der Strecke. Ein Zahlenvergleich, den ich kürzlich gelesen habe, verdeutlicht dies: Im Jahr 1960 wurden in Niedersachsen noch rund 210.000 Höfe mit erwerbsmäßiger Tierhaltung gezählt. 2016 waren 38.000 statistisch erfasst. Dem gegenüber hat sich die Zahl der Tiere, Rinder, Schweine und Geflügel vervielfacht. (Weser Kurier, 14.01.2016) Ich stelle mir angesichts dessen junge Eltern aus der Stadt vor, die ihren Kindern mal einen »echten« Bauernhof zeigen wollen, ähnlich den Bilderbüchern, die sie mit den Kleinen anschauen. Ein solcher Hof wird immer mehr zum Sehnsuchtsort.

Der »industrialisierte« Landwirt identifiziert sich nicht mit dem Wohlergehen einer Kuh, sondern mit ihrer Funktionsfähigkeit. Ein junger Bauer, der vor einigen Jahren den Hof von seinem Vater übernommen hatte, sagte mir frustriert, er würde sich heute mit Sicherheit für einen anderen Beruf entscheiden, wenn er die Wahl hätte. Dabei war er früher, als er in die Lehre ging, voller Elan und Begeisterung gewesen.

Die meisten jungen Leute ziehen fort. Die Planer unserer Zukunft, soweit einer von ihnen dies liest, sollten wissen, dass mit jeder Entscheidung, die dem ländlichen Raum ein Stück seines Lebenswerts nimmt, eine für die ganze Gesellschaft nachteilige Entwicklung geschaffen wird. Die Menschen in den ausufernden Städten entfernen sich geistig und psychisch immer mehr von den Quellen, die sie im wahrsten Sinne des Wortes am Leben erhalten. Die jungen Leute gehen nicht nur weg, weil sie in der Stadt Arbeit finden sowie Kinos, Diskotheken und Kneipen. Sie gehen auch weg, weil die Art des Lebens und der Arbeit ihrer Eltern nicht mehr gefragt ist und die neuen wirtschaftlichen Bedingungen Dienstboten des Weltmarkts hervorbringen, die kaum mehr stolz sein können auf ihr Bauerndasein.

Meine Gerätschaft

Zum Mähen der Wiese benutze ich liebend gerne die Sense. Wenn sie gut geschärft ist und von der ausholenden Bewegung nicht in die Erde gerammt wird, legen sich die Halme demütig hin. Sie liegen nach und nach in sauberen

Reihen und können leicht zusammengeharkt werden. Gleichwohl kann ich nur begrenzte Flächen sensen, der Zeit- und Kraftaufwand für große Flächen wäre immens.

Einst war dies aber Wirklichkeit. Die Bauern zogen aus, ihre Wiesen mit der Sense zu mähen. Sie begannen nach Sonnenaufgang, machten kurze Pausen und hörten am Abend auf, todmüde und ächzend unter Rückschmerzen, schätze ich. So erklärt sich auch, warum sie gehaltreiches Essen, etwa Buchweizenpfannkuchen mit viel Speck oder Pfannen voll Kartoffeln ebenfalls mit Speck, brauchten. Ich verneige mich respektvoll vor den Bauern früherer Zeiten. Wenn ich mehr oder weniger den ganzen Tag im Garten gearbeitet habe, könnte ich auch über Schmerzen klagen. Dann denke ich an die fleißigen Vorgänger, die wirklich hart arbeiten mussten.

Die Wiesenflächen vor dem Haus und an der Scheune bearbeite ich mit einem Aufsitzmäher. Die großen Wiesen werden zweimal im Jahr mit einem Mähwerk, das vom Trecker angetrieben wird, gemäht. Den dabei anfallenden Grasschnitt lasse ich liegen, er wird auf diese Weise zu Mulch. Den Aufsitzmäher habe ich mir erst vor wenigen Jahren zugelegt. Früher widersprach er meinem Ehrgefühl. Jetzt spart er mir Kräfte. Die Sense benutze ich am Rand der Gräben oder unter tief hängenden Sträuchern. Bisweilen gönne ich mir das befriedigende Erlebnis, einige Reihen hohes Gras mit der Sense zu mähen.

Besonders würdigen möchte ich den Melkanhänger, den der frühere Dorfschmied Jonni Heißenbüttel für meine Zwecke zurechtgeschweißt hatte. Auf der ursprünglichen Plattform brachte er einen hüfthohen Metallrahmen an, der als Halterung für die Beplankung diente. So ergab sich ein sehr gebrauchsfähiges Gefährt, in dem man alles transportieren kann, was auf einem Hof anfällt, Baumschnitt, Grasschnitt, Laub, Erde, Kompost, Mist, etc. Der Wagen ist länger und höher als gewöhnliche Autoanhänger, hat aber ebenfalls nur eine Achse. Seine Rückwand überragt deutlich die Seitenwände und kann ausgeklappt werden, sodass ich mit dem Schubkarren auf die Hängerfläche fahren und den Inhalt auskippen kann. Die relativ lange Zugstange wird an die

Ackerschiene des Treckers gehängt. Ein solches Gespann ist im Gelände sehr beweglich. Leider existieren nicht mehr viele Melkanhänger, da die Kühe mittlerweile ganzjährig im Stall gemolken werden. Ein geübter Fachmann kann ein vergleichbares Gefährt jedoch zusammenschweißen.

Wenn in meinem Biogarten reichlich Stauden, Sträucher und Büsche angesiedelt sind und beschnitten werden, dann ist ein Häcksler unabdingbar. Gehäckselte Pflanzenteile sind sehr wertvoll für die Kompostbildung und fügen sich ohne Zögern in die Verrottung ein. In den ersten zehn Jahren zerkleinerte ich die abgeschnittenen Pflanzenteile noch mit der Gartenschere. Als sich in dem Arm, der die Schere führte, eine Sehnenscheidenentzündung ankündigte, musste ich mir Alternativen überlegen. Im örtlichen Fachgeschäft wurde ich von Rudi Schmidt bestens beraten. Er empfahl mir eine kräftige Häckselmaschine, die von Starkstrom angetrieben wird. Diese Anschaffung war kostspielig, ich habe sie aber nicht bereut. Das Häckselwerk zerkleinert auch daumendicke Äste, ohne sich zu überhitzen oder einen Stau zu bilden.

Zur Bearbeitung der Gemüse- und Blumenbeete braucht man aber keines der geschilderten Geräte. Hier sind die Körperkräfte und ihre Fortsetzung mit den typischen Werkzeugen gefragt. In der Tat Fortsetzung, denn sie setzen in ihrer Eigenheit die investierte Kraft zielgerecht um. Sie stammen aus alten Zeiten, als die Menschen gelernt hatten, Geräte zu schmieden und an Stielen zu befestigen. Gemeint sind Spaten und Rechen, auch Harken genannt. Hinzu kommen noch Schaufel und Grabegabel. In der kultivierten Moorerde reicht letztere, da die Erde wenig Widerstand bietet, wenn der Boden umgegraben wird. Für die Bearbeitung der Gemüsebeete empfehle ich auch den »Sauzahn«, ein gebogenes, leicht dicklich und dann spitz zulaufendes Gerät, mit dem der Boden gelockert wird. Wenn die Beete nicht verkrautet sind und nurmehr bepflanzt oder eingesät werden sollen, reicht es, den Sauzahn in regelmäßigen Abständen diagonal durchzuziehen und dasselbe von der anderen Beetseite zu wiederholen. Schwere Böden, lehmige und steinige etwa, bedürfen zur Lockerung meist der Gartenhacke. Der Spaten und die Schaufel sind im

Moor wichtig, wenn es daran geht, einen Graben auszuheben oder »aufzumachen«, d.h. Verkrautungen und Verschlammungen eines bestehenden Grabens zu beseitigen. Und natürlich braucht man sie auch für das Ausheben von größeren Pflanzlöchern. Für die Arbeit in den Blumenbeeten sind zusätzlich Handharke, Handschaufel und Handhacke nützlich, um Unkräuter zu jäten.

Alle diese Geräte sind wichtige Helfer im Garten. Viel menschlicher Schöpfergeist und handwerkliche Kunst steckt in ihnen. Meine Wertschätzung diesem gärtnerischen Handwerkszeug gegenüber zeigt sich darin, das ich sie pflege und sauber lagere.

Unsere Gewächshäuser

Eine ganzjährige Selbstversorgung mit frischem Gemüse wäre optimal. Das hieße, ein beheizbares Gewächshaus zu errichten. Die beste Lösung wäre ein südwärts gerichteter Anbau am Wohnhaus, dessen Wände und Dach mit Glas oder einem vergleichbarem Material gestaltet sind. So könnte die Wärme des Hauses für die Pflanzen genutzt werden und umgekehrt käme die Sonnenwärme, soweit sie sich während der kalten Jahreszeit im Gewächshaus sammeln kann, dem Leben im Wohnhaus zugute. Breite Übergänge zwischen beiden Bereichen, die durch verschiebbare Glaselemente getrennt wären, können ein besonderes Raumgefühl erzeugen. Die Bewohner würden sich gewissermaßen schon im Garten befinden, obwohl sie noch im Haus sitzen. Sie blicken auf die Gewächse und das Grün, das sich vor ihren Augen entfaltet, obwohl es draußen herbstlich oder winterlich zugeht. Solche Gedanken machen wir uns mittlerweile, nachdem wir die Vorzüge eines Gewächshauses kennen gelernt haben. Aber ein Anbau an das Wohnhaus käme bei uns nicht in Frage. Die einzige ausreichend sonnenbeschienene Hauswand ist nicht hoch genug, um großflächig anbauen zu können.

Eine einfache Methode, die Wachstumsperiode vorzuverlegen, sind Frühbeetkästen, die mit Glas- oder Kunststoffdeckel ausgestattet sind. Die Seitenteile können mit den gleichen Materialien oder aus Holzbrettern gefertigt sein. Da ich keine abgelegten Fenster verfügbar hatte, die ich für einen Frühbeetkasten hätte benutzen können, kaufte ich im ersten Jahr zwei robuste gläserne Kästen, deren Rahmen aus rostfreiem Aluminium besteht. Sie stellten gewissermaßen mein erstes Gewächshaus dar. In diesen ziehe ich seither ab Ende Februar Schnittsalate, sodass wir bereits im April davon ernten können. Auch Radieschen können auf diese Weise früher angezüchtet werden.

Als wir auf den Hof zogen, existierte bereits ein kleines Gewächshaus aus einem Aluminiumgestell und Glasflächen. Es stand seitlich der Blumenbeete unweit der Terrasse. Christa pflanzte dort Salatgurken, Tomaten und Kopfsalate. In den ersten Jahren waren die Ernten zwar nicht übermäßig, aber doch zufriedenstellend. Immerhin lehrten sie uns den Umgang mit dieser speziellen Gartenkultur. Im Frühjahr grub ich Kompost in die Erde und begann damit, den Boden zu mulchen.

Das kleine Gewächshaus verlor mit den Jahren seine Vorzüge, denn der davor wachsende Quittenbaum und die zu stattlicher Größe entwickelten Birken und Kiefern verhinderten zunehmend die nötige Sonneneinstrahlung. Deshalb versetzte ich im Winter 2015 das Gewächshaus in den Gemüsegarten. Ein weiteres Gewächshaus hatte ich 1999 aufgebaut. Es ist doppelt so groß wie das andere. Wände und Dach sind mit Hohlkammerplatten ausgestattet. Drei eingefügte Dachfenster öffnen sich automatisch, sobald die Temperatur bestimmte Werte erreicht. Auf diese Weise wird Überhitzung vermieden. Im übrigen bleibt im Sommer die Schiebetür immer ein Stück offen, damit der Innenraum belüftet ist. Das Klima in diesem Gewächshaus ist so angenehm, dass sich Salve, der Kater, gerne darin einrichtet, um sein Schläfchen zu halten. Er liegt genüsslich unter den Schatten spendenden Pflanzen auf dem erwärmten Mulch.

Das neue Gewächshaus misst drei mal fünf Meter in der Grundfläche und am Giebel zweieinhalb Meter. Die Hohlraumplatten sind zweieinhalb cm dick. Befestigt werden sie mit Glasfederklammern, die die Platten auf den Rahmen pressen. Wie ich erfahren musste, halten die Klammern nur bei normalen Windverhältnissen die Platten am Rahmen. Ein Fachmann bestätigte meine Beobachtung, dass starke Winde auf bestimmte Stellen des Gewächshauses besonderen Druck ausüben. Insbesondere die längsseitigen Platten an den Ecken fliegen bei stürmischen Verhältnissen davon. Im Innenraum baut sich so viel Luftdruck auf, dass er Entlastung durch gewaltsame Öffnung sucht. Um gegen die Stürme im Herbst und Frühjahr gewappnet zu sein, überspannte ich das Gewächshaus mit einem grobmaschigen Netz. Allerdings kann es auch in der Wachstumszeit kräftig stürmen. So ging ich dazu über, die gefährdeten Platten zusätzlich am Rahmen festzuschrauben.

Ausschlaggebend für die Größe des Gewächshauses war, dass unsere Ansprüche an Selbstversorgung wuchsen. Wir wollten auch Gartenfrüchte ziehen, für die die hiesigen klimatischen Wachstumsbedingungen schwierig sind, so insbesondere Tomaten und Paprika. Dabei dachten wir nicht nur an Direktverzehr, sondern auch an die Verarbeitung und Vorratshaltung für die Wintermonate.

Björn und Arne halfen mit beim Aufbau des Gewächshauses. Wir gruben Betonplatten ein und schraubten die untere Verstrebung daran fest. So kann es versetzt werden, falls sich dies als notwendig herausstellen sollte. Ein betoniertes Fundament könnte nicht herausgenommen und woanders hin gesetzt werden.

Tomaten und Paprika

Im vergangenen Jahr haben wir Tomaten und Paprika körbeweise geerntet. Das reichte, um auch Nachbarn und Freunde daran teilhaben zu lassen. Angesichts dieses Segens sehe ich mich verpflichtet, diesen Gartenfrüchten ein eigenes Kapitel zu widmen, alleine schon deshalb, weil ihnen besonderer Dank gebührt. Wie bereits angedeutet, ziehe ich die Tomaten und Paprika frühzeitig vor. Ende April kann ich sie in Töpfchen vereinzeln und Mitte Mai auspflanzen. Auch wenn dann die Eisheiligen folgen, sind mir bisher nur wenige Pflanzen erfroren. Auf diese Weise können wir Mitte Juli die ersten Tomaten auf den Tisch stellen. Die Anzucht von Tomaten und Paprika sind mein Lieblingssport geworden. Ich habe schon etliche Sorten ausprobiert. Gerade bei Tomaten lohnt sich das Experimentieren, sowohl aus Gründen des Geschmacks als auch im Hinblick auf die Produktivität. Wir mögen nicht nur Fleischtomaten, sondern auch die süßen, saftigen Tomaten. Im letzten Jahr pflanzte ich die Sorten Moneymaker, Saint-Pierre, Vitella und Roma. Die Fruchtbarkeit hält von Jahr zu Jahr kontinuierlich an. Auch fleischige Tomaten, wie wir sie aus südlichen Gefilden kennen, wachsen zu stattlicher Größe heran.

Der Boden des Gewächshauses wird im zeitigen Frühjahr für die Pflanzung vorbereitet. Den bisherigen Mulch trage ich ab und arbeite reifen Kompost ein. Bis die Pflanzen in die Erde kommen, ist noch reichlich Zeit, die mit Salatpflanzung überbrückt wird. Die entsprechenden Pflänzchen stammen aus Saatkästen. Wenn dann die Tomatenpflanzen die Regie übernehmen und sich entwickeln, müssen sie »ausgegeizt« werden. Das bedeutet, die Jungtriebe an den Blattachsen zu entfernen, damit die Pflanze genügend Kraft hat, um in die Höhe zu wachsen und viele Früchte hervorzubringen. Tomatenpflanzen gedeihen von Natur aus buschförmig. Sie sind äußerst wachstumsfreudig und brauchen gerade im Sommer fast täglich Fürsorge, damit sie nicht verkrauten und ihre Kraft in immer neue Triebe investieren. Deshalb muss man ihre Entwicklung überwachen und einschreiten, sobald die Pflanze zuviel austreibt oder die Höhe des Glasdachs erreicht hat. Auch muss der Haupttrieb ab dem Zeitpunkt festgebunden werden, da er beginnt, sich unter dem Gewicht der sich entwickelnden Früchte zu neigen. Für die Halterung der Pflanzen empfehle ich verzinkte Spiralstangen, in die der wachsende Stengel Spirale für Spirale eingefügt werden kann und so verlässlichen Halt bekommt. Spätestens wenn die reifenden Tomaten in fülligen Rispen an der Pflanze hängen, wird verständlich, wie wichtig ihr Halt ist. So können mehrere Pfund der Früchte an einem Trieb wachsen. Wächst die Pflanze über die Stange hinaus und gesellen sich noch kräftige Seitentriebe hinzu, müssen sie festgebunden werden. Die Entwicklung von Seitentrieben muss beobachtet werden, da zu viele von ihnen die Durchlüftung verhindern und die entstehenden Früchte beschatten. Wenn die Pflanzen nicht zu eng bei einander stehen, sind zwei Seitentriebe vertretbar. Um den vorhandenen Raum auszunützen, können diese am Rahmen des Gewächshauses mit einer Schnur Halt finden.

Nach der letzten kalten Periode im Mai werden die Paprika-Pflänzchen in einer Reihe vor die Tomatenpflanzen gesetzt. Zu beiden Seiten des Eingangs finden die Salatgurken ihren Platz. Sie ranken ja sehr weitläufig und können so auch innen wie außerhalb wachsen. Sie müssen frühzeitig an einer Stange oder einem kräftigen Ast festgebunden werden. Im Verlauf des Sommers bringen die Gurkenpflanzen eine Unzahl an Blüten hervor. Das sieht zwar hübsch aus, muss aber eingedämmt werden, damit entstehende Früchte genügend Energie abbekommen.

Die Paprikapflänzchen brauchen ihre Zeit, bis sie stark genug für die Fruchtbildung sind. Dann aber legen sie sich mächtig ins Zeug. Von einer Pflanze kann man fünf und mehr Früchte bekommen. Ende August achte ich darauf, die Triebe, an denen die Blüte erst entsteht, abzuschneiden und nur diejenigen stehen zu lassen, die sich bereits in der Fruchtbildung befinden. So kann ich bis Ende Oktober ernten. Auch die Paprika-Pflanzen knicken unter der Last der kräftigen Früchte um und müssen an Stangen gebunden werden, um Halt zu finden. Der Wasserbedarf von Paprika-Pflanzen ist hoch. Hilfreich für die Konservierung von Bodenfeuchtigkeit ist natürlich Mulch. Dennoch muss mindestens einmal, bei anhaltender Hitze zweimal pro Woche gegossen werden.

Wir mögen die grünen und roten, runden Sorten, weniger die blassgrünen, flaschenförmigen, deren Aroma weniger am Gaumen bleibt. Wer einmal Paprika aus eigener Pflanzung genossen hat, kann sich als verwöhnt betrachten. Gekaufte Paprika sind selten so frisch und fruchtig, das schmeckt man. Paprika lassen sich im übrigen einfrieren. Nachdem ich sie sorgfältig gewaschen habe, nehme ich die Samen und inneren Fasern heraus und schneide sie in kleinere Stücke. Diese verpacke ich portionsweise und gebe sie ohne Zeitverzug in den Gefrierschrank.

Die Tomaten werden, wie bereits erwähnt, in der Küchenmaschine zu Brei verarbeitet. Ein großer Teil der für die Lagerung gedachten Menge wird in Gläsern eingekocht, ein kleinerer in Plastiktüten eingefroren. Mittlerweile schätzen wir das Einkochen sehr, da wir für ein schnelles Spagetti-Gericht die Soßengrundlage schon fertig haben. Der Tomatenbrei muss nur erwärmt und gewürzt werden. Für die Tomaten gilt ansonsten eine ähnliche Erfahrung wie für die Paprika. Geerntet und bald verzehrt, sind sie ein Wunder an fruchtigem Geschmack.

Eine Empfehlung habe ich noch parat: Basilikum passt sich gut an das Klima im Gewächshaus an. Ich säe ihn in Töpfchen ein und setze die jungen Pflanzen zwischen die Tomaten und Paprika, die im Juni deutlich gewachsen sind. Basilikum lässt sich bis in den Oktober ernten.

Das Tierleben umzu

Mit Tieren der freien Natur sind wir bestens versorgt. Wenn ich morgens zur Straße gehe, um die Zeitung aus dem Postkasten zu holen, laufen gerne mal ein oder zwei Rehe über den Weg. Sie spazieren dann gemächlich ins Wäldchen, von wo sie interessiert zu mir hin schauen, ohne ihren Fluchtinstinkt zu bemühen. Als der vormalige Reitplatz von Bäumchen besiedelt wurde, brachten Rehe dort ihre Nachkommen zur Welt. In Zeiten, da winterliche Kälte herrschte und das Land zugeschneit war, spazierten ganze Rudel am Haus vorbei. Gehen wir im Herbst und Winter aufs Feld hinaus, begegnen wir mit Sicherheit Rehen, die in weiten Sätzen davon eilen, wenn sie unser gewahr werden. Der Gemüseacker schien bislang für die Rehe fast tabu zu sein. Ein einziges Mal beobachtete ich ein Reh, das über die Beete spazierte. Dieses Jahr musste ich erstmals die Stangenbohnen und den Mangold mit Netzen schützen, da mir Spuren von Wildfraß auffielen. Vom Nachbarn erfuhr ich, dass ein Rehbock in den Gärten herumspazierte.

Jedes Jahr im Herbst und Winter faszinieren mich die Gänseschwärme. Früher ließ sich an ihrem Flug erkennen, wie sich das Wetter entwickeln würde. Sie flogen meist nach Westen, wenn kalte Ostluft zu erwarten war. Änderte sich das Wetter zu mehr Wärme, flogen sie nach Osten und Norden. Ich begrüße sie mit einem lauten »Hallo!« Dabei denke ich an das Lied aus meiner Kindheit: »Wildgänse rauschen durch die Nacht mit wildem Schrei nach Norden.« Es gehörte zum Repertoire meiner Eltern und klingt in meinen Ohren nach Abenteuer, Herausforderung, nach Wildnis.

Nicht minder beeindruckend sind die Kraniche. Mit lautem Geschrei ziehen sie übers Land. An manchen Tagen sind es bis zu zehn Schwärme, die ich zählen kann. Im letzten Jahr landeten sie auf dem abgeernteten Maisfeld südlich unserer Wiese. In der Erinnerung daran kommt der Eindruck auf, wir leben am Rande der Wildnis, was beileibe nicht stimmt. Aber ein Gefühl davon vermitteln die Tierfreunde schon.

Es ist nicht so lange her, dass wir befürchteten, Füchse hätten nichts anderes im Sinn, als unsere Hühner zu verspeisen. Noch immer schließen wir das Hühnerhaus am Abend, obwohl wir seit Jahren keinen Fuchs mehr auf unserem Grund gesehen haben. Sorglosigkeit ist aber nicht angesagt. Auf dem früheren Teich liebten Wildenten Zwischenstation zu machen. Manche Entenpaare blieben, um in der Nähe des Teichs Eier zu legen und auszubrüten. Waren die Küken geschlüpft, marschierten sie hinter ihrer Mama in geordneter Formation zum Teich, um erste Schwimmübungen zu unternehmen.

Uns entging nicht, dass die Zahl der Küken von Tag zu Tag abnahm. Hatte ein Fuchs die Entenfamilie aufgespürt? Sind unsere Katzen für den Verlust verantwortlich? Also baute ich ein Entenhaus mit zwei Apartments, der Eingang jeweils an der Giebelseite. Darunter befestigte ich ein breites Holzgestell mit leeren Kanistern, die das Haus trugen. Auf diese Weise hatte es ausreichend Balance auf dem Wasser.

Damit es ortsfest blieb, führte ich von zwei Seiten des Hauses Schnüre zum Ufer, die dort an Pflöcken befestigt wurden.

Die angereisten Entenpaare stritten sehr laut und vornehmlich nachts um das Aufenthaltsrecht in den beiden Wohnungen. Daran fanden wir wenig Gefallen. Aber tagsüber wurden wir durch den Anblick der Küken entschädigt. Leider nahm ihre Zahl ab, denn es gab Räuber. Eines Tages, wir saßen auf der Terrasse, war es mir, als bewegte sich in Ufernähe das hohe Gras. Da kein Windhauch zu spüren war, musste sich dort ein Tier aufhalten. Ich ging hin und fand einen jungen Fuchs vor, der bei meinem Anblick das Weite suchen wollte. Das hohe Gras erschwerte ihm die Flucht, und es gelang mir, meinen Fuß auf seinen Schwanz zu setzen. Diesen packte ich dann und hob das Tier hoch. Es sah mich ängstlich an. Was sollte ich tun? Ich hatte Mitleid mit ihm. Zurück auf der Terrasse diskutierten wir, was zu tun wäre. Schließlich holten wir die Marderfalle, die uns einst der Dorfjäger geliehen hatte, vom Dachboden und sperrten den Fuchs darin ein. Ich benachrichtigte den Jäger, der das Tier abholte mit dem Versprechen, ihn nicht zu töten, sondern sich um eine artgerechte Bleibe zu kümmern. Echte Jäger wissen um den Wert von Füchsen, die ihrerseits am Gleichgewicht der natürlichen Verhältnisse in Wald und Flur aktiv beteiligt sind.

Bisweilen bekommt der Teich Besuch von einem Reiher. Wir hätten nichts dagegen, wenn ihm ein Frosch in den Schnabel geraten würde. Der Teich ist ansonsten sehr belebt, natürlich mit Kaulquappen, Molchen und Käfern. Eine Ringelnatter haben wir noch nicht zu Gesicht bekommen. Auf und über dem Wasser herrscht reges Insektenleben. Am auffälligsten sind bunte Libellen. Sie fliegen um uns herum, wenn wir schwimmen. Die Enkel versuchen wir davon zu überzeugen, dass sie nicht gefährlich sind, sondern einfach nur schön.

An lauen Sommerabenden lauschen wir gerne den Gesängen der Amseln, die auf dem Dach, dem Schornstein und den Bäumen um uns herum

Stammplätze haben. Bisweilen meinen wir, das Paradies habe einen Ausläufer zu unserem Hof gelegt. Schwalben jagen im bewundernswerten Zickzack die Insekten. Wird es dämmrig, fliegen Fledermäuse ähnlich zackig vorbei. Und dann wird es dunkel, die Tauben gurren und ein Käuzchen lässt sich vernehmen.

Weniger paradiesisch ist uns zumute angesichts des Marders im Haus. »Da ist wieder ein Marder auf dem Dachboden«, sagt Christa vorwurfsvoll, wenn von oben schnelle Taptap-Geräusche an unser Ohr dringen. »Ja«, sage ich nur und hoffe, er wird sich benehmen. Zweimal nämlich verseuchte er die Luft in einem Raum, wo wir verschiedene haltbare Lebensmittel lagern. Beim ersten Mal fanden wir einen Wurf Marderjunge vor, als die Holzdecke geöffnet wurde. Die Kleinen übergaben wir dem Tierarzt. Der Zimmermann ließ uns wissen, dass er diese Arbeit eklig fand und beim nächsten Mal den Auftrag nicht mehr annehmen würde. Nachvollziehen konnte ich dies spätestens, als sich der Gestank einige Jahre später wiederholte und ich nun an der Reihe war, das Nest zu entfernen. Zum Glück war es gerade noch nicht oder nicht mehr bevölkert. Marder beglücken regelmäßig ländliche Anwesen. Am liebsten mögen sie Spaliere, Efeu und ähnliches am Haus, was ihnen als Leiter zum Dach dienen kann. Dorthin springen sie auch von Bäumen aus. Eine Mülltonne, die dicht genug am Haus steht, kann ebenso als Absprungbasis dienen. Unser Haus bietet aufgrund der Rosenspaliere sehr gute Bedingungen, um ins Haus zu gelangen. Man bohre nur ein paar Löcher ins Reetdach und schon hat man als Marder einen großzügigen Lebensraum. Meine Haltung gegenüber Mardern würde ich als eingeschränkte Neutralität bezeichnen, solange sie uns nicht zu nahe treten und die Hühner in Ruhe lassen.

Unser Wäldchen bewirtet schon länger Eichhörnchen. Im Herbst und Winter hüpfen und klettern sie herum, ernten Walnüsse und Eicheln. Dann legen sie wahrscheinlich mehrere Vorräte an, die sie hoffentlich auch finden, wenn sie Hunger haben. Ich versuche zu sehen, wie niedlich sie sind und nicht daran zu denken, dass sie die Vogelnester ausräubern. Aber wahrscheinlich verhält sich das ähnlich wie mit den Füchsen. Auch die Eichhörnchen tragen zum Gleichgewicht in der Natur bei.

Im Frühjahr taucht das Reviergeschrei der Fasane auf. Allerdings hat ihre Population bei uns deutlich nachgelassen. Erst in den letzten beiden Jahren scheint ihre Zahl wieder zuzunehmen. Die Befürchtung war begründet, sie würden hier im Dorf langsam aussterben. Ihre Nahrung suchen sie in offenen Feldfluren, Schutz aber finden sie erst im Untergehölz, im Schilf von Gräben oder im dichten, hohen Gras. Die intensive Landwirtschaft vermindert ihre Lebenschancen, ebenso der Autoverkehr auf den Straßen. Deshalb müssen Zuchtexemplare ausgesetzt werden, damit der Bestand in der Natur erhalten bleibt. In unserem Wäldchen sollten sie eigentlich überleben können, es sei denn sie rennen zur Straße und vor die Autos.

Ornithologen hätten bei uns ihre helle Freude. Wir sind keine Vogelkenner, können aber immerhin Spechte von Eichelhähern oder Kleiber von Rotkehlchen unterscheiden. Bunt- und Grünspechte kennen wir auch und noch manche mehr. Eine große Vielfalt besiedelt das Revier.

Das hohe Lied von den Regenwürmern habe ich bereits gesungen. Wertschätzung bringen wir ebenfalls den Bienen entgegen, die unsere Obstbäume befruchten.

Mäuse, Ratten und Maulwürfe bevölkern ebenfalls unseren Grund. Über Mäuse habe ich schon mehrfach geschrieben. Auch Ratten könnte man eine Funktion in der Natur zusprechen, wenn man es gut mit ihnen meint. Wir Menschen kennen sie hauptsächlich als Plage. Unser Nachbar Hans-Dieter sagt lapidar, Ratten gibt es überall da, wo Hühner gehalten werden. So liefen sie mir im letzten Winter mehrfach am Hühnerhaus über den Weg. Sie hatten auch begonnen, sich im Garten niederzulassen. Die breiten Löcher verrieten sie. Dorthinein streute ich Gift. Fürs Erste haben wir Ruhe vor ihnen. Anders verhält es sich mit den Maulwürfen. Sie bevölkern unsere Wiesen und buddeln engagiert in der Erde. Angeblich helfen sie dem Gärtner bei der Bekämpfung von Schädlingen. Ich frage mich, wer damit gemeint sein soll. Außerdem würden sie auch die Erde auflockern. Das ist durchaus möglich, zumindest die Erde, die dann in unübersehbaren Haufen auf der Wiese verstreut ist. Die Altvorderen sammelten die Erde von den Haufen und brachten sie zu den Beeten.

Im Internet ist unter dem Stichwort Maulwürfe fast ausschließlich von Bekämpfung und Vertreibung die Rede. Wohin sollen sie denn wandern? Zum Nachbarn vielleicht? Auf die Felder können sie nicht mehr ausweichen. Deren Boden wird zu oft befahren und dadurch verdichtet. Er hat auch nicht viel an Nahrung zu bieten. Die verbreitete Meinung, die bloße Anwesenheit von Maulwürfen zeuge von guter Qualität der Erde, kann ich nicht teilen. Er buddelt bei uns auch im Sand. Dieses Jahr hat er vor der Terrasse sein Werk übertrieben und eine Kraterlandschaft erschaffen.

Obwohl wir viele Mittel ausprobierten, konnten wir ihn bisher noch nicht von dort vertreiben. Keine Frage, im Nutzgarten sind sie schädlich. Man muss nur Geduld haben und sie einfangen, um sie an einen anderen naturbelassenen Ort bringen.

Dinge selber machen

»Das Wesentliche im Leben besteht im Leben selbst«, schreiben die Nearings nach fünfzig Jahren erfolgreicher persönlicher und wirtschaftlicher Autonomie. Dann folgt der, wie ich meine, entscheidende Satz: »Von frühester Kindheit bis zu den letzten unsicheren Schritten des Alters bekommen jene, welche dem Leben am meisten geben, auch am meisten vom Leben zurück.« (In: Ein gutes Leben II) Menschen, die von Kindheit an in ihrer Entwicklung zu autonomen Persönlichkeiten nicht unnötig behindert werden, haben am ehesten die Chance auszuformen, was in ihrem Wesen an Begabungen angelegt ist. So können sie das für sie Lebensmögliche erfahren.

Unsere Art, Selbstversorgung zu praktizieren, hatte schon in der Kindheit und Jugend ihren Nährboden. Christa begann im Alter von zwölf Jahren damit, für ihre Familie zu kochen und zu backen. Ihre Eltern waren berufstätig, aber das war, wie sie sich erinnert, nicht der Hauptgrund für ihre Initiative; sie hatte Freude daran, Kochen und Backen und somit verschiedene Rezepte auszuprobieren. Mit fünfzehn begann sie zu stricken und zu schneidern. Sie erlernte dies autodidaktisch. Sie tat es, weil sie Lust dazu hatte und ihre Eltern finanziell wenig belasten wollte.

Heute noch erlebt sie den Stolz über ihre selbständigen Aktivitäten, wenn sie davon erzählt. Ich meinerseits war als Kind und Jugendlicher frei genug, produktiv zu sein. Meinen Brüdern und mir fehlte es an nichts. Wir wurden zwar mit gewisser Strenge erzogen, wurden auch für ungeliebte Aufgaben verpflichtet, ansonsten aber waren unseren Initiativen kaum Grenzen gesetzt. Das Handwerkliche ergab sich von selbst, weil wir dies und das für unsere Spiele brauchten, Pfeile und Bögen, Schwerter, Hütten, geheime Verstecke und manches mehr. Wir schnitzten, hämmerten, bohrten, hackten und sägten. Wir baggerten, gruben große Löcher, stellten Speere und Sprunganlagen her. Angst vor Werkzeugen und ihrer Handhabung habe ich nie gekannt. Wir reparierten unsere Fahrräder, bastelten an ihnen tagelang herum und investierten unser Taschengeld, sie herauszuputzen.

Diese Erfahrungen waren grundlegend für die Jahre, als jeder von uns selbständig zu leben begann. Christa kochte oft für die Wohngemeinschaft, in der sie lebte. Das setzte sie in unserer Familie fort. Als die Kinder klein waren, begann sie zudem aus Vollkornmehl Brote und Brötchen zu backen. Sie schneiderte und strickte über mehrere Jahre einen wichtigen Teil der Kleidung unserer Kinder. In jener Zeit frischte ich meine Lust an handwerklichen Arbeiten auf. So fertigte oder reparierte ich Schränke, Bettgestelle, Tische, Bänke und Bücherregale und könnte es heute nur schmerzlich zulassen, dass Mobiliar, welches ich selbst herstellen kann, gekauft wird. Wenn es denn gekauft wird, dann sollte es nicht protzig sein, damit es zu den einfachen Gegenständen passt, die bereits vorhanden sind. Auf etwas, das ich selbst fabriziert habe, kann ich stolz sein.

Wir haben also früher schon manches selbst gemacht, was wir hätten kaufen, delegieren oder in Auftrag geben können. Seit wir auf dem Bertahof leben, probieren wir immer wieder etwas Neues aus. Aus den Erfahrungen lernen wir. Wir können dann sehen, ob wir Erfolg haben und entscheiden, ob wir das Gelernte regelmäßig praktizieren wollen. Hierzu gehörte zum Beispiel, Wolle (von unseren Schafen) zu spinnen, zu weben und zu töpfern.

Ein besonderer Aspekt des Selber-Machens besteht in der Zubereitung des Essens. Nur so können wir wissen, welche Bestandteile in unseren Mahlzeiten stecken. Und nur so werden wir unserem Geschmack, ja unserem Appetit gerecht. Essenszubereitung ist seit jeher ein Herzstück des Familienlebens, das gemeinsame Mahl ebenso. Insofern ist die Küche der ideale Ort im Haus für das gemeinsame Leben, nicht nur für Kochen und Mahlzeiten, sondern auch fürs Austauschen und Reden.

Einen Spezialzweig der Selbstversorgung mit Lebensmitteln stellt das selbstständige Backen von Brot dar. Selbständig meint, die Grundlagen des Brots selbst zusammen zu stellen, den Teig zuzubereiten und im eigenen Herd zu backen. In unserer Familie erfährt das Backen von Brot eine besondere Wertschätzung. Christa hatte aus Zeitmangel eine Zeit lang darauf verzichtet. Sie nahm es wieder in ihren Katalog des Selber-Machens auf, nachdem sie die therapeutische Arbeit auf ein Minimum reduziert hatte. Nun entwickelte sie ein Rezept nach unserem Geschmack sowie eine passende Backmethode. Seither backt sie jede Woche unser Brot. Es schmeckt einmalig gut. (Das entsprechende Rezept ist im Anhang beigefügt.)

Brot ist seit altersher für den einzelnen Menschen wie für die Gemeinschaft von großer Bedeutung. Eine Stelle im christlichen Gebet »Vaterunser« ist vielsagend. Dort heißt es: »Unser tägliches Brot gib uns heute. Und vergib uns unsere Schuld, wie auch wir vergeben unseren Schuldigern.« Beide Anliegen werden wohl meist als Teile einer Aufzählung angesehen. Mir verdeutlicht die Verbindung beider durch das »Und« eine sinnhafte Beziehung zu einander. Ich lese daraus die moralische Bedingung, dass die Grundnahrung Brot gewährleistet ist, wenn sich die Menschen ihrer Schuldproblematik bewusst sind und nicht aufhören, ihr ausgleichend zu begegnen. So gesehen handelt es sich um einen wesentlichen Aspekt sozialer Ethik. Übertragen auf unsere heutige Zeit heißt dies, wir sind unserer Nahrung würdig, wenn wir uns der Schuld stellen, die durch Ausbeutung und wirtschaftlichen Egoismus entsteht, und die entscheidenden Veränderungen zum Ausgleich herbeiführen. Die aktuellen Lebensbedingungen in unserer Welt schreien die Schuld geradezu heraus, wenn 800 Millionen Menschen nicht genug zu essen haben.

Gesellschaftlich besitzen selbstversorgende Aktivitäten ein großes Potenzial an Veränderungen. Im Grunde wissen wir das oder können es uns vorstellen. Wenn ein großer Teil der Bevölkerung beispielsweise Gemüsegärten oder Kartoffeläcker anlegen und biologisch bewirtschaften würde, wäre dies ein deutliches Signal an einflussreiche Adressen, ob in Politik, Industrie oder wirtschaftlicher Lobby. Allgemein betrachtet hat jede sinnhaft produktive Praxis auf jeden Fall den Vorteil, dass der Mensch tätig ist und sich selbstwirksam erlebt. Dies führt weg von einer passiven, konsumtiven und unterhaltungssüchtigen Einstellung. Angesichts heutiger Lebensgewohnheiten und Bedürfnisse können die meisten Menschen und ihre Haushalte zwar nur begrenzt selbstversorgend sein, wenn wir aber Selbstversorgung im jeweils machbaren Rahmen umsetzen würden, hätte dies sowohl auf die Volkswirtschaft als auch auf die gesellschaftlichen Werte Auswirkungen.

Die heutigen Lebensformen vereinzeln viele Menschen in den Familien. Auch die Partnerschaften, ob Ehe oder Lebensgemeinschaft, bauen seltener auf gemeinsame Aufgaben und Versorgungsleistungen, am ehesten wohl dann, wenn Verantwortung für Kinder besteht. In der produktiven Selbstversorgung hingegen kann Partnerschaft und Familie eine sinnhaft erlebte Gemeinschaft werden. Dic Beteiligten brauchen einander, sowohl tatkräftig als auch motivierend, wertschätzend und Impulse gebend. Solange dies kein Zwang ist, sondern auf bewusster Bejahung und gegenseitiger Achtung beruht, kann Selbstversorgung überaus erfreulich und befriedigend sein und Beziehungen vertiefen.

Wie wir hören, sehen und im eigenen Leben erfahren, nimmt die Automatisierung in fast allen gesellschaftlichen Bereichen zu. Welchen Stellenwert wird das Selbermachen in den nächsten Generationen einnehmen? Da die Roboter und digitalisierten Prozesse in vielem intelligenter und kompetenter sein werden als Menschen, ist absehbar, dass in fast allen Belangen die Produktivität wie auch Verwaltung automatisiert werden. Wozu ist der Einzelne, wozu sind Familien und Gruppen dann noch nützlich? Was wird aus uns werden, wenn nur noch wenige die dominante Digitalisierung einrichten und überwachen? Werden wir geistig und körperlich verarmen?

Wir haben das alles in der Hand. Wir können uns darauf konzentrieren, die Handlungsräume zu schaffen und zu besetzen, die durch Automatisierungen entstehen. So würden fortschrittliche Projekte zum Wohl allen Lebens auf der Erde Platz greifen. Hierzu zählen gemeinschaftliche, solidarische Aktivitäten, geistige Bildung und kreative, produktive Selbstversorgung. Die Robotik wird aber nur eine Hilfe sein, wenn wir sie ethisch und ökologisch handhaben. Da gibt es keine Grauzonen, die ausgiebig zu diskutieren wären.

Ein Garten für Leib und Seele

Auf Fahrradtouren und Urlaubsreisen machen mich Gartenkulturen immer neugierig. Wenn ein fruchtbarer Gemüsegarten am Wegesrand liegt, fühle ich mich magisch angezogen. Das ist so, als lebe da ein Freund, eine Freundin. Dann halte ich am Zaun an und werfe einen Blick auf die Beete. Ich habe festgestellt, dass Gärten mit Gemüseanbau, soweit sie gepflegt werden, meistens abwechslungsreicher und hübscher ausschauen als die pflegearmen, mit Gras, Sträuchern und ein paar blühenden Pflanzen bewachsenen. Schön sind freilich vielfarbig blühende Blumenrabatten. Da geht das Herz auf. Leuchtende Farben im Garten sind und bleiben eine Qualität für sich. Der Garten kann sogar ein bisschen verwildert sein. Wenn er von vielfältiger Blütenpracht überquillt, kann man ihn wie ein kostbares Kunstwerk betrachten. So ist er auch eine Art künstlerische Selbstversorgung, eine Wohltat für die Seele.

Leider bekomme ich in unserer Gegend wenige fruchtbare und üppig blühende Gärten zu Gesicht. In Süddeutschland und Österreich habe ich viel mehr solcher Gärten gesehen. Unser Blick geht dort auch zu den Fenstern und Balkonen der Bauernhäuser. Da quillt es über von Blumen und Stauden, dass es eine Pracht ist. Wir könnten neidisch werden. Derartiges kommt hier kaum vor. Die meisten hiesigen Gärten werden darauf getrimmt, wenig Arbeit zu machen. Bisweilen kommt mir der Gedanke, ein echter Garten stört die Menschen, obwohl sie doch nicht auf ihn verzichten wollen. Dieser Zwiespalt scheint ein Markenzeichen vieler Hausbesitzer zu sein. In früheren Zeiten zeugten die Bauerngärten auch in unseren Gefilden von dem Willen, Gartenfrüchte für den Haushalt zu erzeugen und zugleich blühende Schönheit hervorzubringen. Die meisten bäuerlichen Anwesen lassen dies heute vermissen. Dabei wären gerade sie bestens für Gartenkultur geeignet, da genügend Platz vorhanden ist.

Die Beziehung von Pflanzen und Menschen ist wechselseitig. In ihrem Garten können sich die Menschen wiedererkennen. Dort spiegelt sich ihr Charakter. Sie können sich mit ihrem Garten weiter entwickeln, zum Beispiel die zwanghafte Ängstlichkeit gegenüber Neuerungen und Veränderungen ablegen, indem sie sich trauen, aus alten Gewohnheiten und Ansprüchen auszuscheren oder Vorstellungen von ihrem Garten zu überdenken. Auch können sie ihre Gefühle für die Arbeit und die Pflanzen beobachten, etwa feststellen, ob sie sich über Erfolge freuen oder auf Kritik und Unzufriedenheit fixiert sind. Vielleicht resignieren sie zu schnell, wenn erwünschtes Wachstum ausbleibt. Vielleicht sind sie sogar gekränkt und fühlen sich vom Garten abgelehnt. Ich glaube nicht an die Legende vom »grünen Daumen«. Eher vertraue ich auf Willen und Begeisterung. Und was kann schließlich überzeugender sein als die Freude an einem üppig gedeihenden Garten? Insofern würde uns der Garten und seine pflanzlichen Bewohner zu einem erfüllten und genussreichen Leben verhelfen.

Wenn Menschen einen Garten selber pflegen und bearbeiten, werden sie nicht nur körperlich gefordert und stärken ihre Muskelkraft. Sie sind an der frischen Luft, Herz und Kreislauf werden aktiviert. Zum anderen erweitert und vertieft sich die Beziehung zur natürlichen Umwelt. Sie erleben diese als dankbar für die Zuwendung, denn sie gibt zurück, was ihr Gutes angetan wird.

Gärtnern befreit vom vielen Ballast, den die moderne Zivilisation uns aufnötigt, und reduziert die Ansprüche auf die wichtigen Grundlagen. Im ungestörten Kontakt mit den natürlichen Gaben der Erde offenbart sich die Lächerlichkeit von Habenwollen, Profitgier, Eitelkeiten und Machtgebaren. Da ist nur dieser Mensch, der sich dankbar und hingebungsvoll dem Land und dessen Leben widmet, das die Schöpfung seiner Sorge und Verantwortung übergeben hat. Auf dieser Basis lässt sich bewusst machen, wie abhängig, wie gebunden wir im existenziellen Sinne sind. Wir können den Notwendigkeiten nicht entgehen, dass wir Nahrung brauchen, ein Dach über dem Kopf und Gesundheit und Kraft, für all das zu sorgen. Solche Bindung hat den Charakter der Beziehung von Mutter und Kind. Eine »sichere« Bindung entsteht, wenn das Kind von Elternseite Einfühlung, lebendige Liebe, Schutz und Verlässlichkeit erfährt.

Mit der ungehemmten Fortschrittsgläubigkeit sind wir auf dem falschen Weg. Unser zwanghaftes Wachstumsdenken erschafft eine Gesetzmäßigkeit, die uns immer mehr dem Wissen entfremdet, wie sehr wir an die natürlichen Lebensgrundlagen gebunden sind. Die meisten Menschen sind fixiert auf technische Entwicklungen und richten ihr Leben gänzlich danach aus. Viele von uns meinen, der Erde, unserem mütterlichen Urgrund, nichts schuldig zu sein. Der Weg zum Glück und zur Zufriedenheit von Körper, Geist und Seele fußt aber auf anderen Werten. Sie sind uralt, verborgen im Schoß der Natur und seit Urzeiten Quelle eines würdigen und gesunden Lebens. In erster Linie ist es von Dankbarkeit geprägt. Dann erkennen wir uns als das, was wir sind: Kinder der Mutter Erde. Wir werden uns bewusst, welche Lebensweise uns und den nächsten Generationen ein gutes, nachhaltiges Leben ermöglichen kann.

Anhang

Christas Rezepte

Rezept zum Brotbacken

In unserem Geschmack sind Christa und ich von den Broten aus unserer Münchener Studienzeit geprägt. Sie waren groß, rund, knusprig und vielfach gewürzt. Von den hiesigen Broten sind wir häufig enttäuscht. Wir finden, sie schmecken eher langweilig, auch ein Grund, warum Christa das Brotbacken wieder aufgenommen hat.

Gebraucht werden eine Getreidemühle, eventuell eine Küchenmaschine zum Kneten des Teigs, Brotbackformen und ein Messbecher zum Anrühren des Hefewassers. Bereit zu halten sind: 750 bis 800 Gramm Roggen und ebensoviel Dinkel. Zum Würzen braucht man »nach Gefühl und Wellenschlag« (so die Anweisung von Christa) Fenchel, Kümmel, Anis, Koriander und Schabziegerklee (auch Brotklee genannt). Weiterhin werden bereit gehalten Sonnenblumenkerne und Sesam (die Menge »nach Gefühl«), zwei Esslöffel (gestrichen) Salz, Sauerteig (bei fertig gekauftem nach Packungsvorschlag, aber mindestens eine Tüte voll) sowie ein Würfel frische Hefe. Für das erste Brot wird der Sauerteig aus dem Bioladen besorgt. Es gibt ihn in trockener Form oder in feuchter Form (und wird unterschiedlich gehandhabt). Im ersten Arbeitsschritt wird das Getreide mit den Gewürzen gemahlen. Anschließend gibt man Salz und ¼ Teelöffel Schabziegerklee hinzu. Währenddessen gießt man einen Liter lauwarmes Wasser in den Messbecher, worin die Hefe aufgelöst wird. Falls feuchter

Sauerteig gekauft wurde, fügt man ihn hinzu. (Der trockene Sauerteig würde zuvor nach dem Mahlen ins Mehl hinein gemischt.) Die aufgelöste Hefe wird zusammen mit dem Sauerteig (falls es der feuchte wäre) mit dem Mehl vermengt und in der Küchenmaschine oder mit den Händen geknetet. Von diesem Gemisch fügt man dann drei bis vier gehäufte Esslöffel in ein Schraubglas, füllt es mit etwas Wasser auf und stellt es verschlossen in den Kühlschrank. Beim nächsten Brotbacken wird dieser Sauerteig anstelle des gekauften dem Teig zugeführt. Schließlich streut man etwa ein Handvoll Sesam und Sonnenblumenkerne auf den Teig. Das Ganze wird nochmals durchgeknetet. Dann deckt man über die mit Teig gefüllte Schüssel ein feuchtes Tuch und lässt ihn »gehen«. Dies geschieht an einem warmen Ort, z.B. auf dem Ofen oder während des Sommers in der Sonne. Wenn der Teig gut aufgegangen ist, nach etwa ein bis zwei Stunden, wird er nochmals geknetet und in zwei gefettete und mit Sesam ausgekleidete Backforen gefüllt, glatt gestrichen und mit Sesam oder Sonnenblumenkernen bestreut. Die Formen müssen eine weitere Stunde an einem warmen Ort gehen. Dann lässt man sie in dem auf 200 Grad vorgeheizten Backofen eine Stunde auf der unteren Schiene backen. Anschließend werden die Formen zum Abkühlen auf ein Backofengitter gestellt. Nach etwa einer halben Stunde stürzt man das Brot aus der Form auf das Gitter und lässt es zum weiteren Abkühlen stehen. Je nach Brotbedarf bzw. Größe der Familie friert man die Brote ein. Christa hält von zwei Broten eine Hälfte für den sofortigen Verzehr bereit und friert die anderen (drei) Hälften ein, sodass je nach Bedarf Brot der Tiefkühlung entnommen werden kann.

Bratkartoffeln mit Schmorgemüse

Pellkartoffeln eventuell schälen und in Scheiben schneiden. Zwiebeln und Knoblauch schälen und würfeln. Wenn Speck dazu kommen soll, ebenfalls in Würfel schneiden.

Zubereitung: Alles gemeinsam in Butterschmalz anbraten und bei niedriger Temperatur und ständigem Wenden fertig braten.

Schmorgemüse: Porree aufschneiden, waschen und in Ringe schneiden. Paprika entkernen und würfeln. Möhren säubern und in Ringe schneiden. Sellerie säubern und würfeln. Bohnenenden abschneiden und halbieren. Tomaten klein schneiden. Knoblauch schälen und hacken.

Zubereitung: Zwiebeln und Knoblauch anbraten, alles andere Gemüse hinzu fügen, mit etwas Rotwein ablöschen. Bei geschlossenem Deckel auf niedriger Temperatur schmoren lassen. Öfters umrühren. Mit Gemüsebrühe, Kräuter der Provence, Pfeffer und etwas Sahne abschmecken. Petersilie, Schnittlauch und Dill klein hacken und darüber streuen.

Rote Beete mit Kartoffeln mit Käse überbacken

Rote Beete mit der Schale kochen, schälen und in Scheiben schneiden. Pellkartoffel eventuell schälen und in Scheiben schneiden. Rote Beete und Kartoffeln in einer Auflaufform schichten und würzen (Salz, Pfeffer, Kräuter nach Wahl). Etwas Sahne darüber geben, mit Käsescheiben abdecken. Darüber Sonnenblumenkerne streuen. Das Ganze in den vorgeheizten Backenofen stellen und überbacken lassen.

Dank

In erster Linie bin ich meiner Lebensgefährtin Christa dankbar. Sie geht seit über vierzig Jahren den Weg mit mir und hat unseren Lebensstil entscheidend mitgeprägt. Ohne ihre Liebe, Tatkraft, Solidarität und notwendigen Impulse wäre ich nicht zu diesen Erfahrungen gekommen, über die ich geschrieben habe.

Nicht minder bin ich unseren erwachsenen Kindern Björn, Marieke und Arne dankbar. Sie lebten mit uns in den wichtigen Jahren ihrer Kindheit und Jugend, als wir unser Leben auf dem Bertahof nach unseren Plänen und Erwartungen gestalten konnten. Sie trugen mit, was alles an Veränderungen und Herausforderungen zustande kam. Und sie sind uns mit ihren Lebenspartnern und Kindern weiterhin verbunden.

Rita Bauermann danke ich, danken wir für ihre herzliche Freundschaft und für die jahrelang treue Mithilfe in Haus und Hof.

Den Nachbarn und Ottersteiner Mitbürgern danke ich für die freundliche und tolerante Aufnahme in ihren dörflichen Kreis. Wir fühlen uns hier zuhause.

Hans-Dieter Kück und Fritz Engelken, der leider längst von uns gegangen ist, danke ich für die praktischen Hilfen, die beim Aufbau unserer bäuerlichen Selbstversorgung sehr von Nutzen waren. Hans-Dieter danke ich weiterhin für die Auskünfte über dörfliche Traditionen.

Mein Dank gebührt weiterhin Christa für die notwendigen Korrekturen und inhaltlichen Anregungen. Dieser Dank geht ebenso an Gitta Rehage und Heide Neumann.

Ich danke dem Bertahof und seinen guten Geistern. Hier waren und sind wir gut aufgehoben, erleben Fruchtbarkeit und vielfältige Natur auf freundlichste Weise.

Zitatnachweis

Die Zitate stammen aus folgenden Büchern:

Nearing. Helen und Scott: Ein gutes Leben. Schaafheim, o.J.
Nearing, Helen und Scott: Ein gutes Leben II. Schaafheim, 1983
Storl, Wolf-Dieter: Der Garten als Mikrokosmos. Freiburg im Breisgau, 1988
Thoreau, Henry David: Walden. Zürich 1979

Literatur zum Thema

Buchempfehlungen zum Thema biologisch Gärtnern und Selbstversorgung:

Kluth, Silke: Selbst versorgt. München, 2014
Kreuter, Marie-Luise: Der Biogarten. München, 2012
Seymour, John: Selbstversorgung aus dem Garten. Freiburg im Breisgau, 2005
Strawbridge, Dick: Das große Buch der Selbstversorgung. München, 2011
Thun, Maria: Mein Jahr im Garten. Stuttgart 2004
Weinrich, Christa OSB: Geheimnisse aus dem Klostergarten. Stuttgart, 2005

Inhalt